生态中国 水

水是生命之源，万物之本

本书编委会 ○ 编

中国地图出版社
·北京·

图书在版编目（CIP）数据

生态中国：水 / 本书编委会编 . -- 北京 ：中国地图出版社，2024.11
ISBN 978-7-5204-3928-2

Ⅰ．①生… Ⅱ．①本… Ⅲ．①水情－中国－普及读物 Ⅳ．① P337.2-49

中国国家版本馆 CIP 数据核字 (2024) 第 011202 号

SHENGTAI ZHONGGUO　SHUI
生态中国　水

出版发行	中国地图出版社	邮政编码	100054
社　　址	北京市西城区白纸坊西街 3 号	网　　址	www.sinomaps.com
电　　话	010-83490076　83495213	经　　销	新华书店
印　　刷	保定市铭泰达印刷有限公司	印　　张	7
成品规格	165 mm × 225 mm		
版　　次	2024 年 11 月第 1 版	印　　次	2024 年 11 月河北第 1 次印刷
定　　价	29.80 元		
书　　号	ISBN 978-7-5204-3928-2		
审 图 号	GS（2024）0624 号		

本书中国国界线系按照中国地图出版社 1989 年出版的 1：400 万《中华人民共和国地形图》绘制。
如有印装质量问题，请与我社联系调换。

目录

第一章 璀璨的水文化

第一节　惊天动地水之神　　　／2
第二节　大江东去水之用　　　／10
第三节　千古风流水之贤　　　／18

第二章 珍贵的水资源

第一节　云海变幻水循环　　　／26
第二节　形形色色水类型　　　／33
第三节　一览时空水分布　　　／38

第三章　永续水安澜

第一节　源源而来水供给　　　　／44
第二节　农业命脉水灌溉　　　　／49
第三节　坚持不懈防洪灾　　　　／55

第四章　宜居的水环境

第一节　川泽纳污水始清　　　　／60
第二节　准绳平直水标准　　　　／64
第三节　多措并举促节水　　　　／70

第五章　健康的水生态

第一节　雪尽山青水涵养　　　／74
第二节　九曲黄河水土存　　　／79
第三节　呵护地下"生命线"　　／84

第六章　伟大的水工程

第一节　巧夺天工都江堰　　　／90
第二节　大江安澜三峡梦　　　／96
第三节　治黄丰碑小浪底　　　／103

第一章
璀璨的水文化

中华文明起源于奔流不息的大河，我们的祖先依水而居，引水灌溉；当洪水泛滥时，我们的祖先团结一心，共同治水；当河流干涸时，我们的祖先又掘地三尺，寻找水源。可以说，水在中国人的生存、发展中扮演着无可替代的角色。因此，在中国的历史长河中，留下了许多与水有关的神话传说和诗词歌赋；在中国的土地上，也流传着许多治水人的故事。

生态中国　水

第一节　惊天动地水之神

　　古时，人们之所以对自然的力量充满崇拜和恐惧，是因为对自然的了解存在局限性，从而产生了各种天马行空的想象，将一些自然现象归结于"神的所作所为"。于是，神话传说就成为一窥古人自然观念的窗户。关于水的神话传说，文献里有大量记载，如共工怒触不周山、鲧禹治水等。而这些神话传说的背后，实际上隐藏了中国古人与水"相爱相杀"的奋斗历程。

中国水神为何如此悲壮？

　　共工被公认为中国最早的水神。文献记载中关于共工的传说有很多，且几乎都与水有关，其中最有名的就是共工怒触不周山。据记载，在距今约4500年前，共工与另一个强大部族的首领颛顼（一说祝融）进行了一场大战。这场大战的起因一说是因为共工未能有效防治水患，严重损害了河流下游地区的其他部族，特别是和共工部族紧邻的颛顼部族的安全，因此两个部族经常因为水发生冲突，导致大战的发生；另一种说法是共工和颛顼为争夺九州霸主的地位导致大战的发生。这场大战十分激烈，从

第一章　璀璨的水文化

天上打到人间，从东方打到西方，一直打到不周山下。不周山是支撑天穹的巨柱。共工看到自己不能取胜，十分生气，一头向不周山撞去。不周山应声而断，天穹因失去支撑，向西北倾斜。从此，日月星辰都移动了位置，东南

▲ 共工怒触不周山

大地陷成了一个深坑，江河的水都向东流去，汇成一片大海。这场大战以共工失败而告终，所以，在后来的一些神话传说里，共工的形象逐渐被丑化，很多神话传说故事把共工比作洪水。

　　然而，史实真的如此吗？北宋刘恕在《资治通鉴外纪》中将共工与伏羲、神农并列为"三皇"，称其为中华人文始祖之一。据说，在远古时期，共工部族属炎帝部族的一支，一直居住在太行山东南麓。那时，黄河从共工部族居住地流过，经常泛滥成灾，严重影响了部族民众的生产、生活。共工率领部族民众与洪水进行斗争，积累了丰富的治水经验。共工治水最主要的特点是"壅"（意即堵塞），这种治水方法可以理解为借助地势筑拦河坝，以阻挡洪水。

生态中国　水

　　共工的办法能成功吗？如果把共工修筑的拦河坝想象成常见的河边堤坝就能回答这个问题。在河水一直不断增加的情况下，水会顺着河边堤坝慢慢攀升，当水压大到堤坝承受不住时，水就会冲破堤坝四处漫流。也就是说，共工的这种治水方法只会造成更严重的水灾。因此，共工治水最后以失败告终。

▲ 共工治水方法示意图

　　虽然共工治水失败了，但是这种筑堤蓄水的方法有利于水利灌溉，对发展农业生产大有好处，也为后来大禹治水提供了借鉴。共工也因此成为中国最早的治水英雄，被后世所铭记。

大禹到底是神还是人？

　　如果说共工是中国最早的水神，那么大禹就是治水成功的第一功臣。然而，关于大禹是神还是人一直是学界一个争

第一章 璀璨的水文化

论已久的问题。根据有关文献记载，大禹有名、有姓等，显然已是一个名副其实的历史人物了。但其生平事迹、所涉情节，又非当时人力所能致，全是神化了的业绩，或是人格化了的神力。因此，大禹是神还是人，一直在讨论研究之中。虽然作为一个远古人物，大禹身上不可避免地具有浓重的神话色彩，但在思考为什么会有这些神话传说、大禹是如何"被神话""被传说"的时候，人们也应深深地意识到，神话和传说也是了解大禹、走近大禹的重要途径。事实上，"禹的传说"已于2010年成功入选第三批国家级非物质文化遗产名录。

与共工一样，大禹也是中国古代伟大的治水英雄，在历史长河中既留下了伟大的治水篇章，也留下了奇幻的神话故事。据《山海经》记载，共工有个忠诚的下属叫相柳，它是一头凶残的神兽，长有蛇的身子和九个头颅，性情残暴、吃人无数，其所到过的地方全都成了沼泽。大禹见相柳危害百姓，就利用神力将相柳击杀，治理了天下的水患。

《山海经》中对大禹的记载显然是神话故事，经过了大量的艺术加工。而《史记》中对于大禹的记载则更为贴近史实。在天下发了大水，洪灾泛滥时，尧启用禹的父亲鲧治水，鲧采取了与共工相似的方法——堙（意为堵塞；填塞）进行治理，结果也和共工一样失败了。后来，尧将首领之位禅让给舜，舜启用了鲧的

生态中国　水

儿子禹来治水。禹总结了鲧治水失败的教训，采取了全新的治水方略：疏导江河。禹采取了多种方法疏导江河，在当时可以说是一种因地制宜的综合治理，而其中最能体现他创造性的便是"疏川导滞"，即将河道加深加宽，将河中障碍物清除，使水流更通畅。

▲ 大禹思考如何治水示意图

禹的这种治水方法说起来容易做起来难，要疏导江河就要掌握山川河流的整体走势。所以，大禹为了治水走遍各地，花了整整十三年的时间，三过家门而不入，才取得了治水的成功。而且，禹在治水的同时，还根据沿途各地形势，把天下划分为九州，并详细记录各州的山川和物产情况。禹的功绩如此之大，也因此被舜指定为下一代部落联盟领袖，最终建立了中国第一个统一的国家——夏。

为何治水千年还会有水患？

大禹的故事虽然具有神话色彩，但纵观中国的历史，人们不难发现，在众多的自然灾害中，水灾是所有灾害中影响最深远的。中国先民在经历了逐水草而居、刀耕火种的时代后，逐渐认识到水对作物生长和日常生活的重要性。为了赢得更广阔的生存空间，减少水患的危害，他们一直在竭尽全力治理江河，兴修水利。可是为何到如今依然会有水患的发生呢？

其实，人们早已意识到，水患的发生除与气候、地形有关外，也与人类活动有关。如在气候方面，洪涝与各地雨季出现的早晚、降水集中时段及台风活动等密切相关。而在地形和人类活动方面，以黄河为例，黄河由于流经黄土高原，河水的含沙量较高，这些泥沙在河水流速较慢的区域会沉降下来，逐渐形成泥沙堆积，堆积的泥沙会造成河流水位上涨，这样，河流容易出现决口甚至是改道。同时，黄河下游曾经是中国历史的重要舞台和人口最稠密的地区，人类的政治、经济、文化和军事活动也对黄河的变迁起着直接的作用。

生态中国　水

·知识卡·

根据现存历史文献记载，在1949年以前的3000年间，黄河下游决口泛滥至少有1500余次，较大的改道有二三十次，其中最重大的改道有六次。洪水波及的范围，北至海河，南至淮河，有时还越过淮河而南，影响苏北地区，纵横25万平方千米。周定王五年（公元前602年）至南宋建炎二年（1128年）的1700多年间，黄河的迁徙大都在现行河道以北地区，侵袭海河水系，最终流入渤海。自南宋建炎二年（1128年）至清咸丰四年（1854年）的700多年间，黄河改道摆动都在现行河道以南地区，侵袭淮河水系，最终流入黄海。1855年黄河在兰阳铜瓦厢

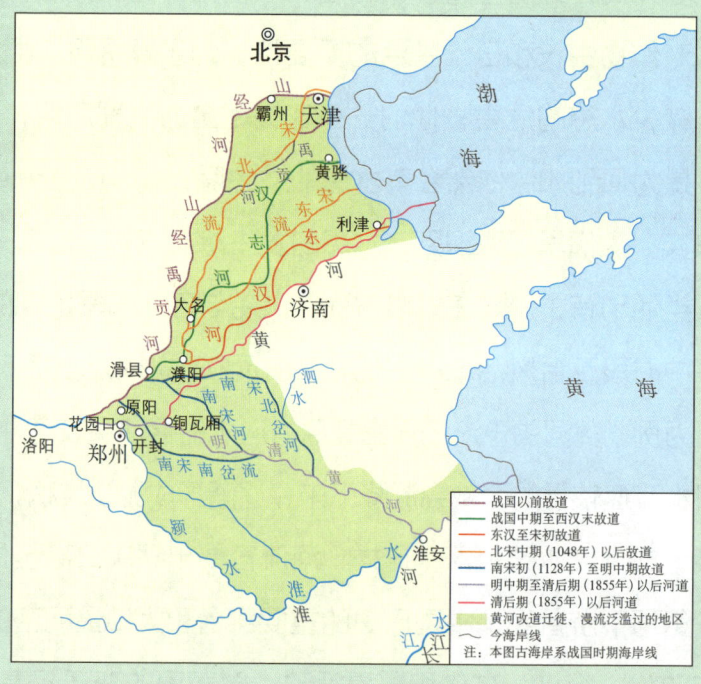

▲ 黄河下游河道变迁示意图

8

第一章 璀璨的水文化

（今河南兰考附近）东坝头决口后，才改走现行河道，夺山东大清河入渤海。

从远古的共工治水、鲧禹治水，到各个历史时期的治水人兴修水利工程可以看出，治水活动是一项艰巨而浩大的工程，治水方法要遵循自然规律，走一条人水和谐的道路。同时，在治水活动中形成的治水精神，自然也就成了中国精神的源头活水。这种与自然和灾害抗争的精神，是刻在中国人骨子里的东西，也是中国人能够屹立不倒的精神支撑。

生态中国　水

第二节　大江东去水之用

纵观中华文明的发展史，其在一定意义上是一部与洪涝、干旱作斗争的历史。从古至今，中华民族一直在与水相伴、相争中发展。人类在与水的不断接触中，不仅学会了引水灌溉、筑堤防水等技能，还结合水的特性，将水运用到军事战争中作为防御或者攻击敌人的利器。

中华文明史中有许多有关水的故事、广为人知的治水能臣和水利工程……滚滚东流的大江大河，静静地诉说着人类用水的历史。

秦国为什么有条郑国渠？

提起郑国渠，人们总是先入为主，认为这是一条在古代郑国修建的大渠。事实上，郑国渠并不是在郑国修建的，而是在秦国；郑国也并不是一个国家，而是一位来自韩国的水利工程专家。既然郑国是韩国人，那为什么秦国修建了一条以郑国的名字命名的大渠呢？其实，郑国渠的修建缘由颇有戏剧性。

战国时期，曾被视为西戎夷狄之邦的秦国，经过商鞅变法，迅速强大起来，其经济、军事实力远远超过了邻国。面对日益强

第一章 璀璨的水文化

大的秦国，韩国君臣如惊弓之鸟，惶惶不可终日。为了苟延残喘，经过一番密谋，韩国君臣想出了一条"疲秦"之计：选派技术高超的水利工程师郑国为间谍，以帮助

郑国渠（局部）

秦国兴修水利为名，诱使秦国投入大量的人力、物力和财力到水利建设上，以此来耗竭秦国的实力，使其无力发动兼并战争。

而对于秦国来说，关中是国家的核心腹地，为了增强实力，立于不败之地，秦国也需要发展关中的农田水利，以提高秦国的粮食产量。所以，一心想发展关中农业生产、有着远见卓识的秦王很快采纳了这一建议，同意郑国兴建声势浩大的水利工程。

郑国在实地考察后发现，秦国地处黄河中游，无水患之忧。关中地区虽沃野千里，但雨水较少，影响农作物的收成。而关中东部又是渭、洛入河之处，三水交汇，地下水位高，一经蒸晒，地面就会出现盐碱，农作物难以生长。因此，郑国认为，如果修凿一条渠道，引泾河水浇灌农田，就能解决关中地区的干旱问题，况且泾河水所含泥沙较多，久灌之后，不仅土地变得肥沃，还可以洗碱压盐，这对关中地区的农业发展大有好处。

11

生态中国　水

公元前246年，渭北高原上出现了当时中国最为火热的水利建设工地，修渠大军多达十万人，而郑国正是这项水利工程建设的总指挥兼总工程师。这项水利工程历时十年，最终在公元前236年告竣。大渠建成后，泾河水沿着水渠源源不断地流入沿线的大片农田。此后，关中的盐碱之地变成良田沃土，粮食产量大大提高，这使得秦国更加强盛，也为秦国统一六国奠定了基础。秦王为表彰郑国"为秦建万世之功"，故命名这条大渠为"郑国渠"。

郑国渠首开引泾灌溉之先河，对后世引泾灌溉产生了深远的影响。

为什么说京杭运河是开凿时间最早、用时最长的人工河？

人们都知道长城是中国古代的军事防御工程，是中国古代人民创造的世界奇迹之一，被列为世界最宏伟的四大古代工程之一，在人类文明史上，它也是一座不可磨灭的丰碑。那你知道还有一条能与长城相媲美的人工河，同样被列为世界最宏伟的四大古代工程之一吗？它就是京杭运河。放眼全世界，京杭运河都是世界上开凿时间最早、流程最长的人工运河，它开创了世界人工河之先河，堪称"人类历史的奇迹"。但是，京杭运河的修建并

第一章　璀璨的水文化

不是一朝一代完成的,而是一代代劳动人民和一大批水利专家尊重自然、利用自然的伟大创造。

京杭运河最早开凿于春秋时期。当时,盘踞于长江中下游的吴王夫差为了争霸中原,向北扩张势力,于公元前486年,在江淮之间开凿邗沟,引长江之水入淮,从而首次沟通了江、淮两大水系。这就是京杭运河的起源,邗沟也成为京杭运河最早修建成的一段河道。

虽然吴王夫差开挖了京杭运河的"第一铲土",但京杭运河真正的缔造者却是隋炀帝。隋朝时期,黄河流域的农业生产、人口和经济受到了南北朝时期连年不断战乱的消耗,远远满足不了社会的需要,而当时的长江流域却比北方要富庶得多。隋炀帝意识到,只有在长江和黄河之间开辟出一条新的水上捷径,才能从根本上解决长安、洛阳两都的粮食及其他物资供应匮乏的问题,同时也能加强东都洛阳对于长江流域的掌控力。因此,从大业元年(605年)到大业六年(610年),历时六年,经过三次大规模的开凿,连通南北的大运河终于建成了。

▲ 运输船在京杭运河上往来穿梭

13

生态中国 水

> **·知识卡·** 　　**隋朝大运河的开凿历程**
>
> 　　隋朝大运河共经过三次大规模的开凿。第一次大规模开凿发生在大业元年（605年），当时，隋炀帝为了向北征讨，曾以蓟城（今北京东南）作为军事基地，且为了沟通蓟城和经济富庶的江淮流域，于是开凿了通济渠，利用古邗沟、淮水，将长江与黄河沟通起来。
>
> 　　第二次大规模开凿发生在大业四年（608年），当时，隋炀帝又征召大量人员开凿了永济渠。永济渠利用现在河南西北部的沁水，南通黄
>
>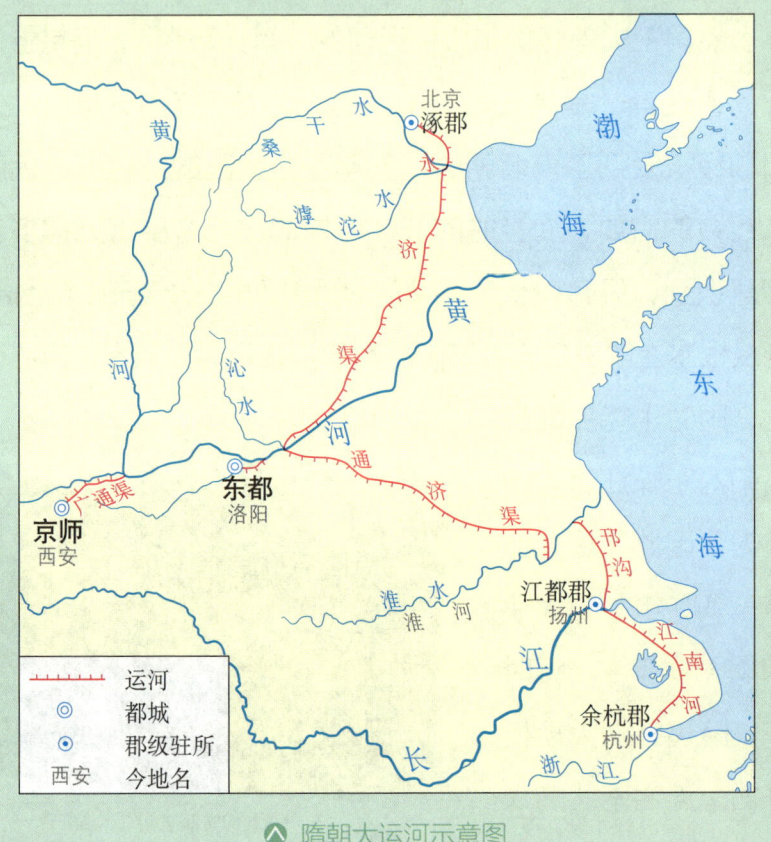
>
> 　　▲ 隋朝大运河示意图

第一章 璀璨的水文化

> 河，北达蓟城，从而沟通了黄河水系和海河水系。
>
> 第三次大规模开凿发生在大业六年（610年），这次开凿自江都（今江苏扬州）对岸的京口（今江苏镇江）起，沿着太湖东岸穿太湖流域，直达钱塘江边的余杭（今浙江杭州），塑造了如今南运河的前身。
>
> 至此，隋炀帝完成了以东都洛阳为中心，南至杭州、北达蓟城（今北京东南），贯通南北的大运河的修建。

这条大运河沟通了海河、黄河、淮河、长江、钱塘江五大水系。在当时，以洛阳为中心，大运河成了南北漕运的大动脉，极大地促进了中国南北在经济、社会、文化等方面的交流，同时带来大运河沿岸商贸的兴盛。但可惜的是，当时的隋朝国力并不强盛，修建大运河极大加重了百姓的赋税和徭役，隋朝国力消耗过大。在大运河建成后不到十年，隋炀帝死于大运河畔的江都（今江苏扬州）。

大运河静静流淌，经过唐宋时期的发展，至元朝，最终形成了人们现在在地图上看到的从北京到杭州的京杭运河。元朝定都大都（今北京）后，京城所需物资主要来自淮河以南地区，但是

· 知识卡 ·

元朝大运河从南至北横跨浙江、江苏、山东、河北四省，北京、天津两市，贯通海河、黄河、淮河、长江、钱塘江五大水系，全长1700多千米。

15

生态中国　水

由于元大都深入北方,南北运河并非完全畅通,物资运输需绕道洛阳,多有不便。为了避免绕道洛阳,以郭守敬为首的水利专家们先后又开凿了三段河道(济州河、会通河和通惠河),把原来以洛阳为中心的隋代横向运河修筑成以元大都为中心,南下直达杭州的纵向运河。需要说明的是,元朝开凿的大运河利用了隋朝的南北大运河的不少河段,从北京到杭州如果走水道,前者比后者缩短了900多千米的航程。

　　大运河在历史上也有过低迷的时期。清朝在北京建都后,最初仍靠运河维持南北运输。鸦片战争后,大批新式船舶输入中国,并逐渐成为主要的水上交通运输工具,同时也使海上运输的安全得到保障。由于南方的大批物资绝大部分由海路运往京津一带,京杭运河逐渐失去了它主要运输通道的作用。1900年后,

▼ 京杭运河

第一章　璀璨的水文化

中国大陆上又出现了铁路等新式交通工具，大运河也就完成了它的使命，静静地退出了历史舞台的中心。

中华人民共和国成立后，政府对大运河进行了修复和扩建，使其重新发挥航运、灌溉、防洪和排涝等多种作用。2014年，中国"大运河"作为文化遗产正式列入世界遗产名录。如今的大运河上不但有往来的货船，也有仿古的游船，人们还建造了介绍运河历史的博物馆、运河公园。

如果说长城象征着中华民族的脊梁，那么京杭运河就象征着中华民族的动脉。这条充分显示了中国古代劳动人民勤劳、智慧和胆识的大运河，孕育了贯穿古今的美好生活，也见证着中国的发展，传承着中国的历史文脉。

生态中国　水

第三节　千古风流水之贤

贤人就是有才德的人，而"水之贤"就是在治水领域有才德的人。千百年来，中国在除水害、兴水利的伟大实践中涌现出了一批著名的治水人物。纵观这些治水名人，他们除了拥有丰富的水利知识和人定胜天的坚定信念，还有着心系天下、奉献于民的高尚品德。今人不但要借鉴他们的治水策略，更要学习他们无私奉献的高尚精神。

> **·知识卡·**
>
> 　　2019年12月，水利部公布了第一批"历史治水名人"，共12位，分别是大禹、孙叔敖、西门豹、李冰、王景、马臻、姜师度、苏轼、郭守敬、潘季驯、林则徐、李仪祉。

苏轼还会治水？

提到苏轼，人们首先想到他是北宋时期著名的文学家、书画家，他的诗词文章洒脱豪放，独具一格，对中国文学艺术产生了深远的影响。然而，让人感到惊讶的是，这样一位文学造诣高深

第一章　璀璨的水文化

之人居然还是一位治水名人。苏轼在徐州（今江苏徐州）、杭州（今浙江杭州）等地任地方官时，多次主持兴修水利，既是一位治水实干家，又是一位水利理论家，他的治水之道以顺应自然、保护自然为原则，以注重民情、保障民生为宗旨，以因势利导为方法，处处彰显了人与自然和谐共生的精神。

▲ 苏轼像

1077 年，苏轼调任徐州知州。时逢汛期，大雨导致黄河决口，奔涌而出的河水围困了徐州城。面对滔滔洪水和惊慌失措的人们，苏轼临危不惧，身先士卒，带领徐州军民共同抗洪抢险。他们一边修筑长堤，一边疏导洪水进入黄河的故道，经过三个月的抢险，徐州城终于得以保全。苏轼此举不仅赢得徐州全城百姓的爱戴，还得到了朝廷的嘉奖。洪水退去后，为了避免徐州城再遭水害，苏轼请求朝廷增筑城墙、修建黄河木岸工程。朝廷同意后，苏轼组织役夫修筑城垣，并在城东门修建黄楼。黄楼如今仍矗立于江苏徐州北面的故黄河畔，无言地彰显着苏轼的功绩。

1089 年，苏轼到杭州任职，他发现当年疏浚的六井已近乎瘫痪，人们无净水可饮，而此时的西湖也因长期未疏浚而淤塞严

生态中国 水

重，湖面缩小，葑草蔓蔽。经过调查后，苏轼组织人员修缮、清理六井，将引水管道由竹管改为瓦筒，并用石槽进行裹护，同时另开新井，使离井最远难得水的居民也能就近饮用井水，以此解决了杭州居民的用水问题。

接着，苏轼率领军民对西湖进行了疏浚工作。他组织军民开挖葑田，挖掘出的葑草和淤泥堆积在西湖四周的岸上，考虑到运输、清理、安置等诸多环节十分费工，为减少工程量，苏轼决定用葑草和淤泥在湖中堆筑起一道便利南北通行的长堤，同时在堤上架设六座桥，沟通西边的"里湖"和东边的"外湖"。从此，西湖南北往来便利，人们再也不必绕湖而行。长堤建好后，苏轼又命人在长堤两侧栽植杨柳，修建亭阁，这便有了今日著名的西湖"苏堤"。为了能经常对西湖进行疏浚，苏轼还专门设立"开湖司"负责西湖的疏浚和整治，并鼓励百姓在西湖规定范围内种植菱角，避免葑草疯长，再次封湖。苏轼也为西湖写了很多诗词，如人们熟知的《饮湖上初晴后雨》《六月二十七日望湖楼醉书》等。

苏轼一生在多地为官，每到一处都把治水作

杭州西湖苏堤

20

第一章　璀璨的水文化

为重要工作,除徐州与杭州外,惠州(今广东惠州)、广州(今广东广州)、琼州(今海南海口南)等多地也都留下了他的治水佳话。为一方官,治一方水,造福一方百姓,苏轼位列历史治水名人名单中当之无愧。

林则徐也是治水专家?

林则徐是清代著名的政治家,他虎门销烟、抗击侵略的功绩妇孺皆知,而他的名句"苟利国家生死以,岂因祸福避趋之"更是发人深省、流传后世。然而很少有人知道,林则徐还是一位治水专家。林则徐深知水利是农业的命脉,水利兴废关乎人民生计、国家安定,所以他每到一

▲ 林则徐像

地,都勤于治水,从北方的黄河、海河到南方的长江、珠江,从东南的太湖流域到西北的伊犁河,都留下了他治水的足迹。

嘉庆二十五年(1820年),林则徐外任浙江杭嘉湖道,在任上他非常重视开展水利设施的检查、修理和新建。当时,杭嘉湖道所辖的杭州、嘉兴、湖州三地农村凋敝穷困,水利工程年久失修,连保障农田灌溉的海塘都遭到了毁坏。面对这一情况,林则徐亲自勘察海塘水利,对老旧失修的地段加以修整,主持修建

的新塘比旧塘高了约0.6米，同时还增加了许多石柱进行加固。这是林则徐兴修水利的开始，虽然他在杭嘉湖道的任职时间不长，主持修建水利工程的工程量并不大，却还是赢得了道光帝的赞许。

如果说治水贯穿了林则徐的一生，那么在他的治水生涯中，最让人肃然起敬的就是他以"罪臣"身份，在流放新疆伊犁途中参与开封祥符黄河堵口的事迹。道光二十一年（1841年），林则徐因禁烟获罪，被发配新疆伊犁。其在流放途中遇开封祥符三十一堡（今河南开封张家湾附近）决口，数十个州府受灾。经大学士王鼎的推荐，朝廷同意林则徐参与堵口。林则徐接到诏令赶到祥符后，就到堵口工程一线督导。在督导期间，他身先士卒，夜以继日地奔波在堵口工地，历时8个月，堵口工程终于合龙。

虽然林则徐戴罪立功，但朝廷并没有让这位功臣将功折过，而是仍命其前往伊犁。在新疆的几年里，林则徐也没有停下治水的步伐。在喀什，为了垦复阿齐乌苏地亩工程，他对阿齐乌苏渠（即湟渠）采取分段捐资修建的办法，并主动捐资承建工程量最巨大的龙口工程。如今，伊犁人还是习惯性地称"湟渠"为"林公渠"。在吐鲁番盆地，他看到了坎儿井的巨大效益，遂大力推广，让多年荒地变身沃土。为了纪念他的贡献，当地百姓改称坎儿井为"林公井"。

林则徐每到一处，都不忘兴修水利。他留下的水利工程和治水理念，切切实实地给国家和人民带来了利益，丝毫不逊色于抵制鸦片的功绩。

李仪祉为何是历史治水名人中唯一的近代治水人？

在 12 位历史治水名人中，李仪祉是唯一的近代治水人。看到李仪祉的名字，很多人不禁会问：李仪祉是谁？他为中国治水事业作出了哪些贡献？其实，李仪祉可是中国近代水利的先驱者、著名的水利科学家，他因对中国水利事业的发展作出卓越贡献而被誉为"一代水圣"。

李仪祉留学德国期间，在目睹欧洲诸国的发达水利后，励志要以振兴中国水利为己任。学成回国之初，李仪祉先任河海工程专门学校教授，专注于培养水利人才。但他始终牵挂着三秦的父老，故而他筹划了"关中八惠渠"：泾惠渠、渭惠渠、洛惠渠、梅惠渠、黑惠渠、涝惠渠、沣惠渠、泔惠渠，计划在十年内水利惠及全省。至 1938 年李仪祉逝世，泾惠渠、渭惠渠、洛惠渠、梅惠渠已初具规模，灌溉面积约 180 万亩（1 亩约等于 666.7 平方米）。如今，李仪祉当年精心筹划的"关中八惠渠"已基本变为现实，浇灌了一片片干涸的土地，成就了陕西关中农业的发展和农民的丰足，特别是泾惠渠被誉为"中国现代水利工程的开山之作"，是水利工程建

生态中国　水

设的一颗明珠、一座丰碑。

李仪祉治水足迹遍布中国大江南北，除治黄、导淮、整运外，他还亲自筹划了海河、长江、永定河、白河、沁河、不牢河、洞庭湖、太湖及微山湖的整治工作，写下了许多整治江河湖泊的宏文论著，形成了完整的治河理论体系。李仪祉虽已逝世多年，但他毕生致力于中国水利事业的丰功伟绩值得人们永远铭记！

> **·知识卡·** 李仪祉在中国近代水利发展史上创造的"十个第一"
>
> 1. 第一位到国外学习水利的中国专家。
> 2. 参与创办中国第一所水利专科学校——南京河海工程专门学校。
> 3. 将西方水利科学技术引入中国的第一人。
> 4. 主持兴建中国第一座运用近代科学技术的大型灌溉工程——泾惠渠。
> 5. 创立中国水利界第一个民间学术团体——中国水利工程学会，即现在的中国水利学会前身。
> 6. 担任黄河水利委员会第一任委员长。
> 7. 倡导开展首次黄河河道模型试验。
> 8. 倡议设立中国第一个水工试验所。
> 9. 首次给水利和水利工程明确了定义。
> 10. 第一位提出"综合治水"的水利专家。

第二章 珍贵的水资源

  人类社会离不开水，水资源的数量和质量深刻地影响着人类的生存和发展。其实，地球上的水是一个连续的整体，它们从海洋、高山走来，滋润着世间万物。作为环境中最为活跃的要素，水不停地运动着，积极参与自然环境中的一系列物理的、化学的和生物的过程。

生态中国　水

第一节　云海变幻水循环

《黄帝内经·素问》中说"清阳为天，浊阴为地。地气上为云，天气下为雨。雨出地气，云出天气"，意思是大自然的清阳之气上升为天，浊阴之气下降为地；地气蒸发上升为云，天气凝聚下降为雨；雨是地气上升之云转变而成的，云是由天气蒸发水汽而成的。这说明古人很早之前就已经观察到了水循环的现象。水循环时刻都在进行着，水以固、液、气三种形态在自然界不断循环变化。

> **·知识卡·　　　水的形态及变化**
>
> 　　水是自然界中唯一固态、液态、气态三种形态同时并存的物质。固态的水一般就是冰、雪、霜等；液态的水在生活中最常见，广泛存在于江河湖海，以及每个人的身体中；气态的水指地球外围的大气层中的水汽，主要以云、雾的形式飘浮在空中。
>
> △ 水的三态变化

第二章 珍贵的水资源

什么是水循环？

所谓水循环，是指在太阳辐射和地球引力的共同作用下，大气、地表、岩石空隙等中的水分以蒸发、水汽输送、降水和径流等方式周而复始进行的循环。水循环将地球上各种水体组合成一个连续、统一的水圈，使得各种水体能够长期存在，而且使水分在循环过程中进入大气圈、岩石圈和生物圈，将地球上的四大圈层紧紧地联系在一起。如果没有水循环，地球上的生物圈将不复存在，岩石圈、大气圈也将改观。也正是有了水循环，才有了奔腾不息的江河。

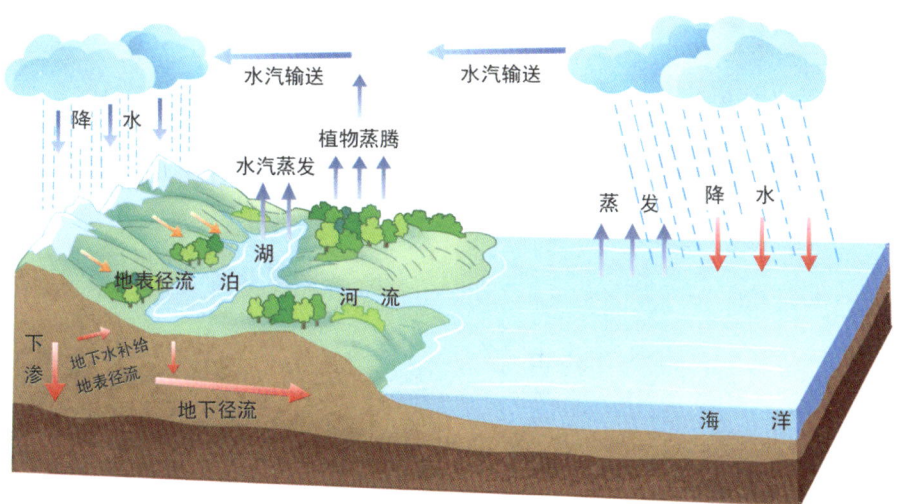

▲ 水循环示意图

27

生态中国　水

> **·知识卡·**　　　　　水循环的三个主要环节
>
> **蒸发（蒸腾）：** 在太阳辐射作用下，海洋、湖泊和河流等水体表面的一小部分水转化为水汽，上升并聚集在大气中。当蒸发发生在活的植物体表面时，被称为"蒸腾作用"。
>
> **降水：** 云中的小水滴或者小冰晶聚集后变大形成雨滴或者雪花，以降水的形式落回地面。降水的形式有雨、雪、冰雹等。
>
> **径流：** 冰雪融水和降落在地面上的雨水，有一部分从高处往低处流，然后流入湖泊、河流或海洋里；有一部分渗入地下，在岩石空隙中流动。

水循环的类型及其过程

通过前面的介绍，我们知道自然界的水循环是时刻都在进行着的。根据发生的空间范围，水循环可分为海上内循环、海陆间循环和陆地内循环。

海洋面积占据了地球表面积的71%，广阔的海洋表面在太阳的照射下，会蒸发产生大量水蒸气，部分水蒸气在上升过程中会遇到冷空气凝结成小水滴，重新以降水的形式回到海洋当中，

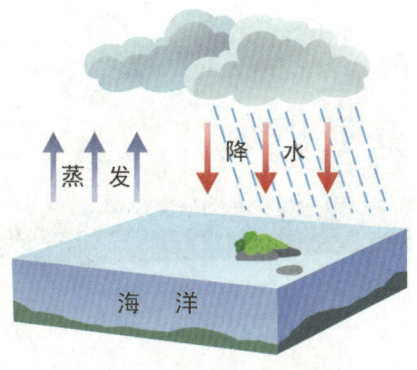

△ 海上内循环示意图

第二章　珍贵的水资源

这就是海上内循环。

值得一提的是，海面上蒸发的水蒸气并不是全部都能以降水的形式重新回到海洋中，还有一部分水蒸气会被气流带到陆地上空，这个过程叫水汽输送。当这部分水蒸气到达陆地上空并遇到合适的条件后，就会以降水的形式落到地面上。

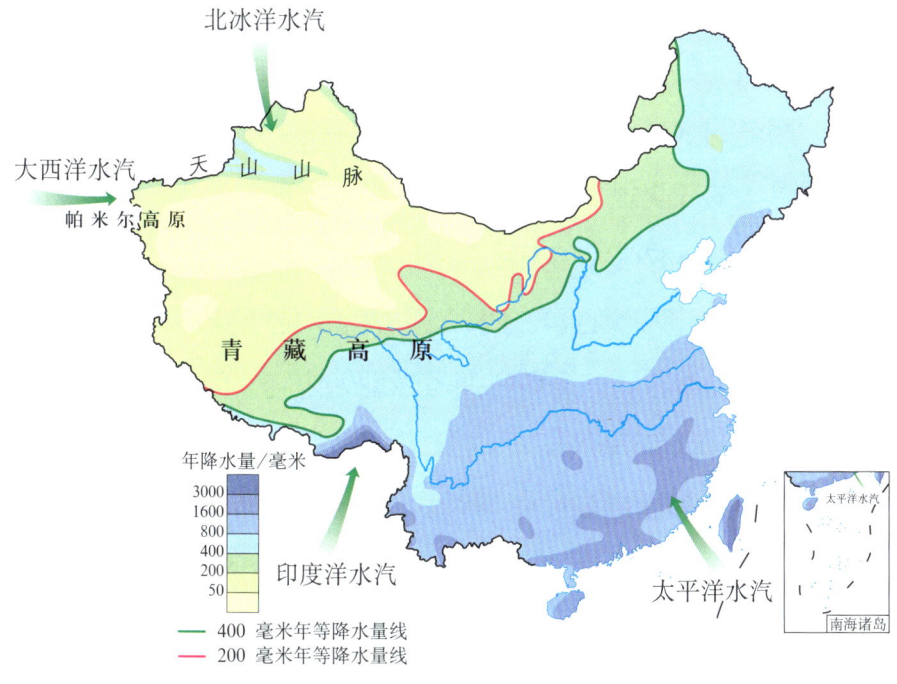

中国的年降水量分布及水汽主要来源示意图

由上图可知，中国东部地区的大部分降水是由太平洋输入的水汽形成的，而中国东西南北跨度大，也能受到来自印度洋、大西洋和北冰洋水汽的影响。事实上，中国是世界上唯一能够受到四大洋水汽影响的国家。

29

生态中国　水

　　西藏自治区的墨脱县被称为中国"雨都"，年降水量在2358毫米以上，最大年降水量可达5000毫米，原因就是这里背靠喜马拉雅山，面向孟加拉湾，来自印度洋的大量水汽源源不断地向青藏高原内部输送，形成了大量降雨。

　　赛里木湖，地处新疆伊犁谷地北侧，被称为"大西洋的最后一滴眼泪"。它是新疆面积最大、海拔最高的高山湖泊，也是全国透明度最高的湖泊之一。赛里木湖的水源主要来自大气降水，来自大西洋的水汽经过6000多千米的输送，在新疆北部形成降水。试想，站在赛里木湖湖畔，感受来自大西洋的水汽，人们不得不感慨水循环的伟大和无私。

　　来自北冰洋和大西洋的水汽还成就了位于新疆阿尔泰山的可可托海国际滑雪场。可可托海虽然地处内陆，但由于有源源不断的北冰洋和大西洋水汽的输入，当地降雪量大，雪质好，可可托海国际滑雪场因此成为中国著名的滑雪场之一。

　　这一系列的水汽以不同的降水形式回到地面，汇集成了江、河、湖等地表径流。地表径

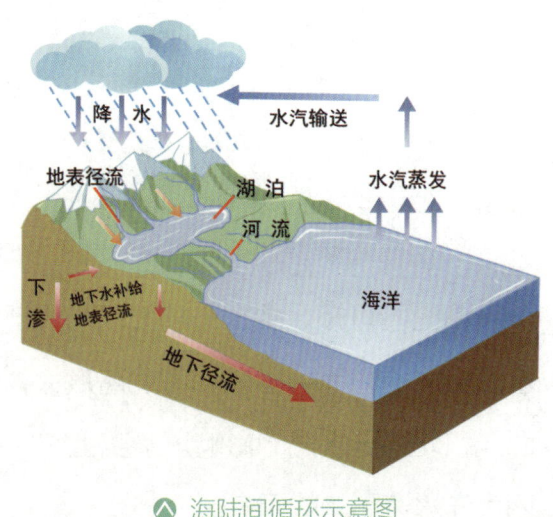

▲ 海陆间循环示意图

30

第二章 珍贵的水资源

流在流淌的过程中也会下渗到地下,形成地下径流,成为地下水。最后,大部分径流会一路狂奔入海,如额尔齐斯河最终注入了北冰洋,澜沧江最终注入了印度洋,长江、黄河、珠江则最终注入了太平洋。这一水循环的过程就是海陆间循环。

古时还有一首诗与水汽输送相关,即唐代诗人王之涣的《凉州词》。诗中"羌笛何须怨杨柳,春风不度玉门关"两句实际上说的就是来自海洋的水汽的影响范围是有限的,除了玉门关,中国西北地区受海洋水汽的影响相对比较少,所以那里沙漠广布。中国西北地区的水汽主要来源于当地河流、湖泊的蒸发和植物的蒸腾,这些水汽遇冷凝结后降落到陆地上,而这一循环过程便是陆地内循环。陆地内循环虽水量小,但对中国干旱的西北地区来说至关重要。

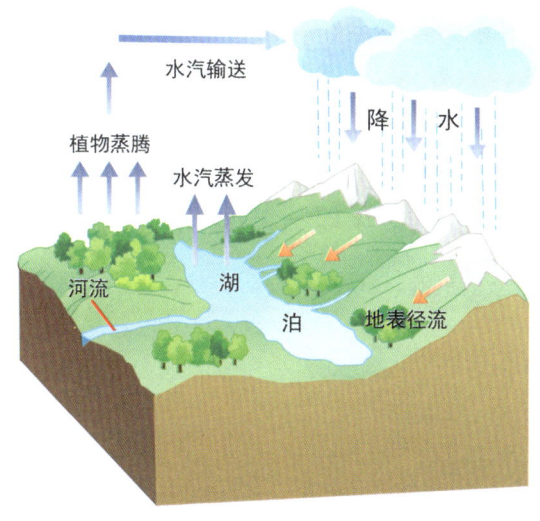

▲ 陆地内循环示意图

以上就是水循环的三种类型。水循环过程中各环节交错并存，情况比较复杂。比如降水现象，在适当的条件下，可随时、随地出现，这样在局部地区就可以构成相对独立的水循环。这些大大小小的水循环周而复始，不断地滋润着中华大地，源源不断补充着中国的水资源。当然，水循环的作用还有很多，水循环是"调节器"，它能通过蒸发吸收海上的热量，通过水汽输送、陆地降水，放出热量，实现地球不同地区之间的能量交换；水循环是"雕塑家"，塑造了丰富多彩的地表形态，如长江在其上游塑造出虎跳峡等诸多峡谷，在入海口又塑造了长江三角洲，使其成为中国自古以来最繁荣富庶的地区之一；水循环还是地表物质迁移的强大动力，如黄河源源不断地将黄土高原的泥沙带入渤海。

水循环是地球上最主要的物质循环之一，它把地球上所有的水都纳入一个综合的自然系统中。正是有了水循环，地球上的水量才总是保持着平衡，各种水体的水才得以不断更新。水循环对人类具有非常重要的意义，它使咸的海水不断通过蒸发变成淡水降下来，以供人们使用。年复一年永不停息的水循环，让地球表面千姿百态，生机盎然。

第二节　形形色色水类型

说到水，古人的描述可谓多种多样。"春江潮水连海平，海上明月共潮生""东临碣石，以观沧海""河水滔滔不尽流，今来古往几春秋""遥望洞庭山水翠，白银盘里一青螺"……从这些诗句可以看出，古人知道水的类型是多样的，甚至意识到水的"身份"也在不停变化，譬如向北走关山开"雨雪"，朝南望"氤氲"起洞壑。其实，古人说的这些水，规范的说法应该叫水体。那么水体究竟有哪些类型？它们的特点又是什么呢？

水体有哪些类型呢？

地球上的水分布很广泛，它以固态、液态、气态三种形态分布于海洋、陆地及大气中，形成各种水体，共同组成水圈。而人们常见的水体类型有海洋水、河流水、湖泊水、沼泽水、土壤水、冰川水、地下水等。

> **·知识卡·**
>
> 水体是江、河、湖、海、地下水、冰川等的总称，是被水覆盖地段的自然综合体。它不仅包括水，还包括水中溶解物质、悬浮物、底泥、水生生物等，是地表水圈的重要组成部分。

生态中国　水

在地球上的各种水体中，海洋水是最主要的水体，它约占地球上水储量的 96.5%。地表的河流和地下的径流通常以淡水的形式汇入海洋这座巨大的咸水库。但是，海洋的水量不会一直增加，而是在一定的范围内波动。海洋是全球水循环中的主要水汽来源地，对水圈中的水汽输送和热量交换起到了至关重要的作用，也帮助了不同类型的水体相互转化。

陆地水包括地表水（如河流水、湖泊水、沼泽水等）和地下水，以淡水为主，分布十分广泛。陆地水与海洋水相比，量较小，但是这些水体分布于不同地区，时刻处于运动和变化中，对自然环境有着重要的影响。

河流是常见的淡水水体类型，与人类的关系最为密切。河流是指降水或由地下涌出地表的水，汇集于地面低洼处，在重力作用下，连续地或周期性地沿河床向低处流动的水体。河流一般是地表径流（如黄河、长江等），但在看不见的地下，其实也有河流的行踪，而且这些地下河流在很多区域是重要的水源地。如在中国的云南、贵州等地，常见到从崖洞流出的河流，这些河流就是从地下岩层之中穿行出来的。河流的补给来自大气降水、冰雪融

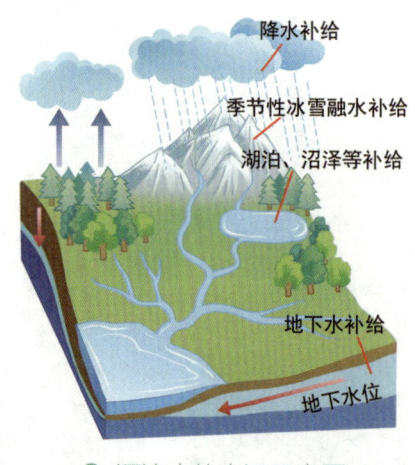

▲ 河流水的来源示意图

第二章 珍贵的水资源

水、湖泊、沼泽等地表水和地下水等。

湖泊是指地面上有静止或弱流动水补充，而且不与海洋有直接连接的水域。形成湖泊必须有湖盆并长期蓄水才可以。每个湖泊都是由湖盆、湖水和水中物质相互作用的自然综合体，受当地气候、径流等多种自然地理因素影响。湖水的主要来源为大气降水、地表水和地下水。当湖泊的来水量大于或等于其耗水量时，湖水水位就上升；反之，当湖泊的耗水量大于其来水量时，湖水水位就下降。

地下水是指埋藏在地面以下土壤和岩石空隙中的水，主要来自大气降水和地表水。地下水是水资源的重要组成部分，根据地下埋藏条件的不同，可分为上层滞水、潜水和承压水三大类。地下水与人类的关系十分密切，井水和泉水是人们日常使用最多的地下水。

⬆ 静谧的湖泊　　　　　⬆ 井水

冰川是指极地或高山地区沿地面运动的巨大冰体。它是由降落在雪线以上的大量积雪在重力和巨大压力下形成的，是地表

35

重要的淡水资源。冰川不像降水，在日常生活中难以见到，它主要分布在地球的两极和中、低纬度的高山区。全球冰川总面积为1600多万平方千米，约占地球陆地总面积的11%。中国境内的冰川主要集中在青藏高原、天山和阿尔泰山等地区。

不同水体的更新循环时间是不相等的

科学研究表明，不同的水体正常更新循环的时间是不相等的，有的更新时间较长，有的更新时间较短。不同淡水水体的更新周期也存在着较大差异：大气中的水只需8天时间就能更新一次，是可更新资源；永久积雪更新周期为9700年；深层地下水更新周期为1400年。永久积雪和深层地下水由于更新时间较长，对于人类而言，它们近似于不可更新资源。因此，在一定的时间和空间条件下，水资源数量是有限的，并不是"取之不尽，用之不竭"的，在开发利用水资源时，人们必须慎而又慎。

各水体更新周期时间表

水体	更新周期	水体	更新周期
永久积雪	9700年	沼泽水	5年
海 水	2500年	土壤水	1年
深层地下水	1400年	江河	16天
湖泊水	17年	大气水	8天

第二章 珍贵的水资源

哪些水体是能被人们所利用的？

地球上的水体尽管数量巨大，但能直接被人们生产和生活利用的极少，人类仍旧面临严峻的水资源短缺问题。地球上的淡水资源仅占总水量的2.5%，而这极少的淡水资源中，又有70%左右的淡水以固态形式存在于南极冰盖、格陵兰冰盖、北极、高山冰川和永久冻土中，人类真正能够利用的淡水资源是江河湖泊和地下水中的一部分，约占地球总水量的0.26%。

冰川是难以被直接利用的，却为河流、湖泊、沼泽及地下水提供了来源。在祁连山深处，潺潺流淌的雪山融水汇聚成涓涓溪流，汇入河流、湖泊，滋养绿洲、湿地，孕育生机勃勃的家园。

"长江之肾"洞庭湖位于长江中游地区，是长江流域重要的调蓄湖泊，具有强大的蓄洪能力，曾使长江无数次的洪患化险为夷。而在干旱季节，洞庭湖水流入长江干流，补给长江中下游地区的用水，为当地的生产和生活提供了重要的保障。

生态中国　水

第三节　一览时空水分布

中华文明与水为伴，逐水而兴。在广袤富饶的中华大地上，大江大河奔流不息，湖泊湿地点缀其间，神州水脉哺育着亿万子孙。那么中国到底拥有多少水资源呢？这些水资源的分布特点是怎样的？中国水资源"家底"的揭秘又能给人们带来哪些启示呢？

中国的水资源情况

通常，人们会说地球上"三分陆地七分水"，既然有这么多的水，是不是这些水永远流不干、用不完呢？其实，"三分陆地七分水"说的并不是地球上的水陆资源总量比例，而是地球表面的水陆面积比

△ 地球（篮球示意）与地球上的总水量（乒乓球示意）对比示意图

例，即在地球表面，海洋大约占71%的面积，陆地大约占29%的面积。如果把地球比作一个篮球，那么地球上的总水量则比一个乒乓球还要小一些，而且这么少的水资源并不是全部都能为人

第二章 珍贵的水资源

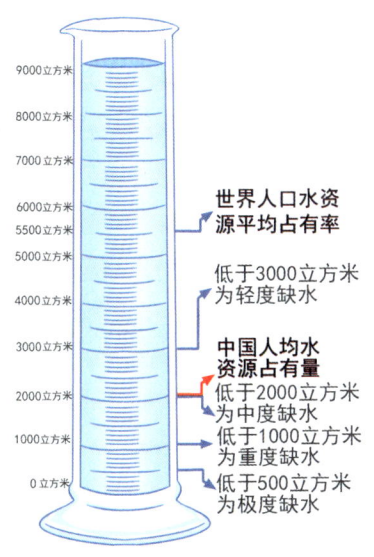

中国人均水资源量低于世界平均线

类所用。

通常人们所说的水资源是指真正能够利用的淡水资源。中国淡水资源总量多年平均为 2.8 万亿立方米，占全球水资源总量的 6%，仅次于巴西、俄罗斯、加拿大、美国和印度尼西亚，居世界第六位。从整体看，中国水资源总量不算太少，但是，由于中国人口众多，人均水资源占有量只有 2000 立方米。如果把世界人均水资源占有量看作"1"的话，中国人均水资源占有量仅为世界平均水平的 0.36。所以，中国是全球人均水资源贫乏的国家之一。尤其是北京、天津、河北、河南、山东等九个省市，人均水资源占有量远低于国际公认的人均 500 立方米极度缺水警戒线。

中国水资源的分布

中国的水资源总量较为丰富，但是存在着一些不能完全适应人们生活、生产活动的问题，即在空间和时间上分配不均匀。

首先，中国水资源的地区分布很不均匀，南方多，北方少，

生态中国 水

相差悬殊。北方六个水资源区（松花江区、辽河区、海河区、淮河区、黄河区和西北诸河区）的面积占全国水资源总面积的63.5%，耕地面积占全国耕地总面积的60.5%，而水资源总量却只占全国水资源总量的19.1%。南方四个水资源区（长江区、珠江区、东南诸河区、西南诸河区）的面积占全国水资源总面积的36.5%，耕地面积占全国耕地总面积的39.5%，而水资源总量却占全国水资源总量的80.9%。

其次，中国水资源年内分配不均，造成旱涝灾害频繁。中国大部分地区受季风气候影响，降水量的年内分配极为不均，大部

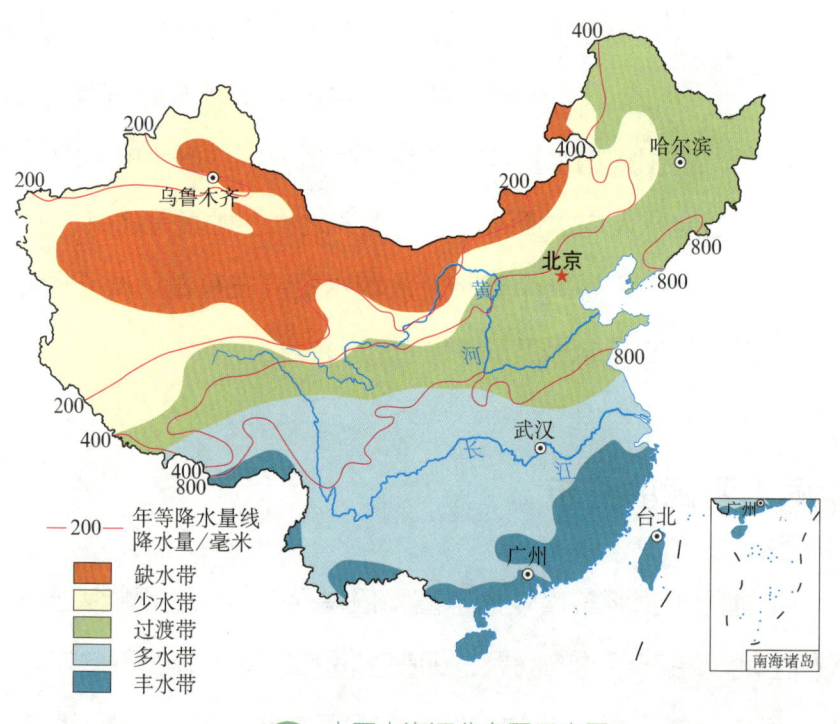

中国水资源分布图示意图

分地区年内连续 4 个月降水量约占全年总降水量的 70%，南方大部分地区连续最大 4 个月径流量占全年径流量的 60% 左右，而华北、东北的一些地区可达全年径流量的 80%。

中国水资源年际变化也较大，七大江河普遍具有连续丰水年或枯水年的周期性变化，丰水年与枯水年水资源量的比值，南方水资源区为 3～5，北方水资源区最大可达 10。水资源时间分配上的不均，造成北方水资源区干旱灾害和南方水资源区洪涝灾害频繁发生，也使南方水资源区常出现季节性干旱缺水。

水资源短缺有什么影响？如何解决水资源短缺？

水对于生存至关重要，水资源短缺会影响社会、经济等多个领域。在农业方面，水是保障农作物茁壮生长、粮食产量的关键，农作物生长、粮食生产需要用到大量的水；在工业方面，水是工业生产的血液，被广泛用于工业品生产、工业设备清洗等方面；在生态方面，水是森林、湖泊和湿地等生态系统的生命源泉；对于个人来说，水资源短缺会直接影响到生活的方方面面，像是洗澡、洗衣服、烹饪等日常的生活环节都难以维持……

以京津冀地区为例，尽管这里有海河水系的滋养，但水资源仍然非常短缺。这里的降水集中在每年的 5—10 月，由于降水年际变化大，因此每年降水总量不等。然而，这里的人口非常密集，农田面积大，工业规模较大，水资源消耗强度也大，以至海河大部分支流出现断流，生产生活转而较多地使用地下水。

由于地下水消耗量大，京津冀地区的地下水位大幅度下降，形成"地下水漏斗"，可能导致海水入侵，地下淡水盐碱化，诱发地面沉降和地裂缝等。

为了缓解京津冀地区水资源短缺的问题，中国在2002年实施南水北调工程，从水资源相对充足的南方地区向北方地区输送水资源，其中东线工程和中线工程直达京津冀地区，最终补给的就是海河流域。

跨流域调水可以解决水资源空间分布不均的问题，那么水资源时间分配不均的问题又该如何解决呢？答案是修建水库等蓄水工程。水库作为综合性的水利设施，在河流的丰水期蓄水，枯水期放水，从而调节河流水量的季节变化，提高供水能力。如密云水库是目前北京最大的水库，其上游的潮河和白河是它的天然水源，密云水库经由京密引水渠为北京供水。

值得注意的是，修建水库和调水工程都不能从根本上解决中国的水资源短缺问题，建设节水型社会才是解决我国水资源短缺问题最根本、最有效的战略举措。

第三章 永续水安澜

　　水资源是人类生存和经济社会发展不可或缺的一种基础性资源。随着人口的增加，工农业生产的发展，以及城市规模的不断扩大，人类社会对水资源的需求量越来越大，水资源危机也随之出现。如何合理开发利用好有限的水资源，使其发挥最大的经济效益、社会效益和生态效益，为人类社会提供一个永续的安全用水环境，来满足人们的生产、生活需要，是人们需要长久思考的问题。

生态中国　水

第一节　源源而来水供给

　　水是生存之本、文明之源。人们的生产、生活和城市的繁荣发展离不开水。对于一些因气候原因水量减少，或因人口不断增长导致用水量增加的城市来说，需要有源源不断的各方水源的供给，来解决城市缺水的问题，以保障城市的用水安全。

生活用水及类型

　　水是人类生活中必不可少的物质，它直接关系到人类生存和社会的稳定。随着城市的快速发展，城市用水需求量也与日俱增。在我国，城市缺水问题已经成为当前影响国民经济和人民生活质量的一个突出问题。在城市中，生活用水是人们生活中最重要的一类用水。那么，什么是生活用水呢？

　　其实，生活用水是指人类日常生活所需要的水，包括城镇生活用水和农村生活用水。城镇生活用水由城镇居民生活用水和公共用水（含服务业、餐饮业、建筑业等用水）组成，其中城镇居民生活用水又可以细分为饮用水和卫生用水，卫生用水包括厨房用水、盥洗用水、生活杂用水和冲厕用水等；公共用水包括机关团体、科教、文卫等行政事业单位和影剧院、娱乐中心、体育场馆、展览馆、博物馆等公共设施用水和消防用水等。农村生活用水主要包括人饮用水和家畜饮用水等。

生活用水从哪来？

城市是人类生产、生活的重要空间载体，水是支撑城市经济社会发展的重要资源。随着城市人口数量的不断增加，城市用水量也不断加大。2022年《中国水资源公报》显示，2022年全国生活用水量为905.7亿立方米，占全国用水总量的15.1%，其中居民生活用水量为647.8亿立方米。据统计，1997年至2022年，全国生活用水量增加380.55亿立方米，年均增长率约2.9%。

用量如此庞大的生活用水是从哪里来的呢？生活用水水源主要为地表水和地下水，少量非饮用生活用水水源为再生水，不同区域的水源结构有所不同。当然，人们所使用的生活用水并不是直接从地表水和地下水中取出来的，而是先在地表水或地下水水源地设置取水口，然后通过水泵加压及输水管的传输，将水送入自来水厂中，自来水厂会对水进行净化、消毒等处理，在水质符合国家标准后才将水输送出厂。就这样，水"走入"千家万户。

生态中国　水

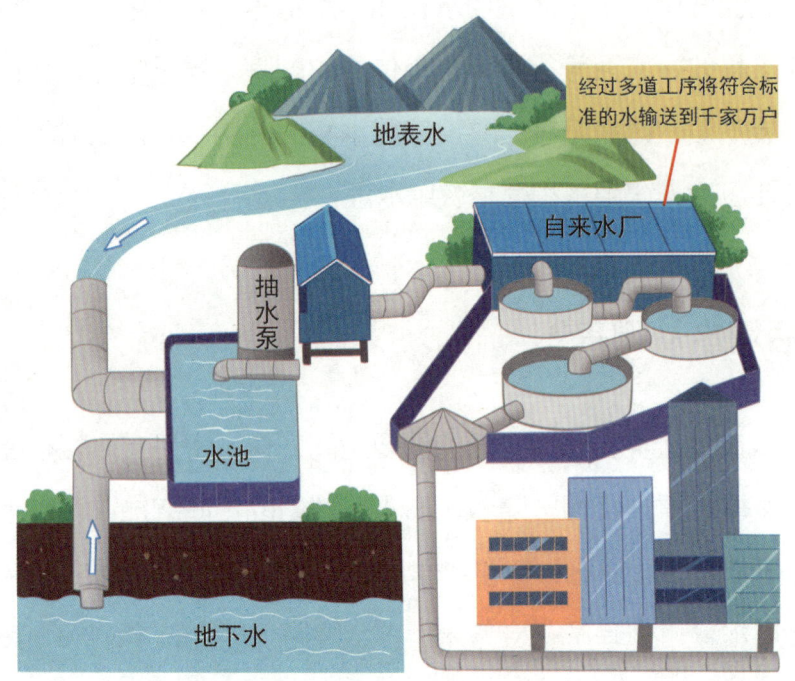

▲ 居民生活用水处理过程示意图

城市出现缺水的原因

随着城市和工业的快速发展，城市用水量逐年递增，我国水资源紧缺形势日益加剧，在全国 660 多个城市中，有 400 多个城市存在不同程度的缺水问题，其中有 136 个城市缺水情况严重。那么，是什么原因导致城市缺水的呢？导致城市缺水的原因较多，其中包括：

第一，水资源短缺是导致城市缺水的主要原因。由于水资源分布在时间和空间上存在巨大变化和差异,水的供需矛盾不断加大。如 2022 年夏季,长江流域出现严重旱情,湖北、湖南、四川、重庆等多个省市受灾,给人们的生产、生活带来了不便。

第二,水源污染是导致城市缺水的另一个主要原因。城市中的污水未经处理直接排入水域,致使地表水和地下水受到污染,直接后果是一些水源被迫停止使用,从而导致或者加剧了城市缺水。

第三,用水浪费导致城市缺水问题严重。由于缺乏科学的用水定额和管理,生产、生活耗水量大,水的浪费相当普遍。

第四,过量开采地下水也是导致城市缺水的重要原因之一。过量开采地下水会使地下水失去动态平衡,引起水量减少,水质恶化,甚至是水源枯竭。

如何解决城市缺水问题?

缺水是中国许多城市普遍面临的严重问题,在我国 400 多个缺水城市中,北方城市大多表现为资源性缺水,南方城市则是水质性缺水和浪费性缺水情况比较普遍。从全国范围来看,我国的城市缺水固然有水资源短缺的原因,但主要是供水设施不足、水源污染和浪费所致,而这三种类型的缺水都是可以通过人的努力加以克服的。因此,解决城市缺水问题的唯一方法是"开源节流"。

"开源"即在合理开发利用常规水资源的同时，也要重视替代水资源的开发，包括海水利用、雨水利用、跨流域或地区调水等多种途径。比如沿海缺水城市可以用海水替代淡水，通过海水淡化间接利用海水资源，将海水用作工业冷却水及特定行业的生产用水，这样能够有效缓解水资源紧缺的局面。而北方资源性缺水城市可以通过跨流域或者跨区域调水，对缺水地区进行补水。跨流域或跨区域调水，通俗地讲，就是从水多的地方运水到水少的地方，解决由水资源空间分布不均造成的缺水问题。中国的南水北调工程是人们最熟悉的跨流域调水工程，南水北调工程不仅解决了城市缺水问题，还让城市的生态得到了修复、改善。

"节流"即利用新技术、经济、宣传教育等多种手段，杜绝水的浪费，提高水的有效利用率，减少用水量，使有限的水资源得以合理分配和利用。如城市污水的再生回用，据统计，城市供水量的80%变为城市污水排入管网中，收集起来再生处理后，70%的城市污水可以被安全回用，即城市供水量的一半以上可以变成再生水回用到对水质要求较低的城市用户那里，置换出等量自来水，相应可增加城市一半的供水量。从理论上来讲，这些再生水可用于工业生产、农业灌溉、城市景观打造、市政绿化、生活杂用等。

第三章　永续水安澜

第二节　农业命脉水灌溉

农业是安天下、稳民心的战略产业，也是治国安邦的头等大事，对一个国家稳定发展有着重要的作用。农业的发展离不开水，在我国用水最多的是农业用水。可以说，农业用水状况直接关系国家水资源的安全。而在农业用水中，耕地灌溉用水量巨大，占农业用水总量的 90% 以上。因此，节水灌溉是农业可持续发展的关键。

中国的农业用水量有多大？

中国是一个农业大国，同时也是世界上农业发展历史最悠久的国家之一。在我国，农业是第一用水"大户"，2022 年《中国水资源公报》显示，2022 年的全国用水总量为 5998.2 亿立方米，其中农业用水为 3781.3 亿立方米。而农业用水中，绝大部分又用于耕地灌溉。我国的耕地面积有多大呢？为什么耕地灌溉用水量这么大？

截至 2022 年底，中国的耕地面积为 19.14 亿亩（12760.1 万公顷），约占国土总面积的 13%，所有耕地面积加起来仅比西

生态中国　水

藏的面积大一点，却养育了世界近20%的人口。目前，从粮食的生产情况看，我国13个粮食主产区的粮食产量占全国总产量的75%以上，特别是黑龙江、吉林、辽宁、内蒙古、河北、山东、河南这七个北方粮食主产区，粮食总产量占全国粮食总产量的50%。而这些粮食主产区又大多处于水资源短缺区域，因此需要大量的灌溉用水来保证粮食的丰收。

灌区是农业用水的保障

受季风气候影响，我国绝大部分地区的农业发展都需要灌溉工程来支撑。处于缺水区域的粮食主产区需要从水源丰富的地方引水灌溉，形成集灌溉、排水功能于一体的灌区，即旱能灌、涝能排，这样产粮区才能保证粮食稳产、高产。那么，灌区是如何做到旱能灌、涝能排的呢？

要回答这个问题，首先要清楚什么是灌区。灌区可以看作一个半人工的生态系统，通常是在一处或几处水源取水，具备完整的输水、配水、灌水和排水工程系统，能按农作物生长的需求并考虑水资源和环境承载能力，提供灌溉排水服务的区域。在我国，多数灌区以灌溉为主，同时具备除涝排水功能，严格来说，可以称其为"灌排区"。可见"旱能灌、涝能排"是灌区的基本属性。而一个成熟的灌区，自有一套完整的灌排系统。如自流灌区从河流、水库、塘坝取水。以河套灌区为例，河套灌区是黄河中游的特大型灌区，位于内蒙古西部，是中国设计灌溉面积最大的灌区，亚洲最大一首制自流引水灌区。河套灌区位于阴山山脉与黄河之间的河套平原上，其独特的地理条件和气候适合农作物生长，但这里也是干旱荒漠区，雨量稀少，年降雨量仅有150～200毫米，年蒸发量却高达2000～3000毫米。水量入不敷出，很难发展农业。

历史上，人们通过引黄灌溉解决了河套灌区的一些用水问题，然而所有渠道都是直接从黄河开口，没有可控制水量的闸门等水利设施。所以，河套灌区仍会出现"天旱引水难，水大流漫滩"的旱涝灾害。中华人民共和国成立后，国家对河套灌区进行了重新规划，由三盛公水利枢纽开始，挖掘了河套灌区总干渠"二黄河"，借助三盛公与乌梁素海30米的落差，实现了由西南向东北的自流灌溉。

如今，河套灌区的灌溉系统有7级，由总干渠引水，通过干、分干、支、斗、农、毛渠把水输入田间，与之配套对应的排水系统也由总排干、干、分干、支、斗、农、毛沟七级组成，呈网络状逐级分布于全灌区。

灌排系统不仅为农田提供了必需的水源，还改善了生态环境。农田退水进入乌梁素海后，经过其最南端的泄水工程——乌毛计闸退回黄河。乌梁素海与黄河唇齿相连，接纳

生态中国　水

了灌区 90% 的农田排水。进入乌梁素海的农田排水经各种沉水植物及浮游生物的降解净化后流入黄河，避免了农业污水直排黄河。乌梁素海也因此被比喻为黄河生态安全的"自然之肾"。作为河套灌区唯一的排水承泄区，乌梁素海也由此具有了生态价值。它是黄河流域最大的淡水湖、地球同纬度地带中最大的自然湿地，也是黄河流域水生生物多样性的生物种源库、世界九大候鸟和我国候鸟南北迁徙的主要通道。

▼ 河套灌区

农业如何实现节水灌溉？

农业节水灌溉是缓解我国水资源供需状况日趋恶化的重要措施之一。节水灌溉是以最低限度的用水量获得最大的产量或收益，也就是最大限度地提高单位灌溉水量的农作物产量和产值的灌溉措施。节水灌溉是科学灌溉、可持续发展的灌溉，要在灌溉的各个环节"做文章"。

首先，寻找"耐渴"的种子，减少用水量。如河北是全国小麦主产区之一，又是华北地下水超采较为严重的地区，承担着压采地下水、修复生态环境的重任。近年来，河北大力发展节水小麦种植，从品种培育入手，探索节水与高产之间的平衡。这种节水小麦的叶片窄而厚，蒸腾量较小，同时发达强壮的根系能扎进地下两三米深，能充分利用土壤水分。再配合节水种植技术，麦田浇水次数由原来的 3～4 次，减少到 2～3 次。

其次，要保证不能在输水过程中有较大的水量损失，主要措施是渠道防渗。如河南陆浑灌区采取衬砌、改造渠道等方式减少水的下渗，使水资源得到充分有效的利用。

最后，科学控制用水量。一方面是主观上减少水浪费，比如通过灌溉管理制度控制水价格。四川武引灌区成立农民协会，对农民用水实行科学的"定额管理、水价调节"，节水效果十分显著。另一方面是客观上减少用水量，可以采用低压管灌、喷灌、

生态中国　水

微灌等方式进行灌溉。如河北张家口塞北管理区采用指针式喷灌系统和滴灌系统灌溉农田。喷灌是将水喷在空中，灌溉得更均匀；滴灌则是将水由管道输送到植物根部，供植物生长所需。

指针式喷灌

滴灌系统（局部）

可以说，节水灌溉是各地农业灌溉技术发展的趋势，是缓解水资源危机和实现高效、精准、现代化农业生产的必然选择。在可预见的未来，农业的节水措施还会有更多，也定会实现农业生产用水与节水的有机统一。

第三节　坚持不懈防洪灾

水是人类赖以生存的宝贵资源，经济的发展和人类的生存离不开水，但是水也会给人类的生产和生活带来巨大危害。每当雨季来临时，暴雨造成河水泛滥，冲毁城市、农田、厂矿，严重威胁人类的生命和财产安全。因此，洪水灾害一直是影响国民经济和社会可持续发展的心腹大患。如今，人们利用新技术、新手段进行科学防洪减灾，既要江河为人所用，又要将洪涝灾害的不利影响降到最低，永续水之安澜。

洪水及洪水灾害

人类自古以来就不断关注和研究洪水，因为人类要想在水源丰富的江河两岸或者洪泛平原上生产和生活，就必须面对不断发生的洪水泛滥问题。在与洪水的不断抗争中，人类逐渐适应了洪水的发生，趋利避害，求得生存和发展。

那么，到底什么是洪水，它和洪水灾害又是什么关系呢？其实，洪水是由流域内笼罩面积较大、强度较大、历时较长的暴雨，或大量融雪产生的地面径流，汇入河道而形成的高水位、高流速的水流。当洪水流量超过河道泄流能力，就有可能因漫溢或溃堤造成洪水灾害。洪水灾害是世界上发生最为频繁和危害最大的自然灾害之一，往往发生在人口稠密、农业种植度高、江河湖泊集中、降水充沛的地方。我国就是一个洪水灾害频发的国家，我国的洪水灾害主要分布在长江、黄河、淮河、海河、珠江、松花江、辽河七大江河下游和东南沿海地区，如众所周知的1998年特大洪水，就是一次发生在长江、嫩江和松花江的全流域性的洪水，导致29个省市自治区受灾。此次洪灾发生过程中，长江出现八次洪峰，造成数千万人受灾；受到松花江和嫩江洪水影响，两江交界处的大庆油田有226口油井遭水淹。人们的生命和财产安全受到洪水威胁，经济社会发展受到严重影响。

是什么原因引起的洪水灾害呢？一方面是自然因素，包括地形、气候、水系特征和降水等，如全球气候变暖导致频繁出现极端性强降雨、冰川融化引起江河水量增加等。另一方面是人为因素，即人类活动造成生态破坏，如破坏森林，引发水土流失；围湖造田，降低湖泊蓄洪能力；侵占河道，影响洪水通行等。

如何防治洪水灾害？

为了保障生命财产安全，人们必须了解洪水发生的规律，采取有效措施避免或者减小洪水灾害的影响。洪水灾害的防治需要防洪措施的建立，防洪措施包括工程性防洪措施和非工程性防洪措施。

工程性防洪措施是指通过修建各类防洪工程，以控制洪水，减免灾害的措施。有关报道显示，目前，我国已建成各类水库9.8万多座，修建5级及以上江河堤防达33万千米，七大江河流域基本形成以河道及堤防、水库、蓄滞洪区为骨干的防洪工程体系，成为暴雨洪水来临时保障人民群众生命财产安全的一张"王牌"。以黄河下游为例，经过多年建设，已形成了由黄河中游干支流水库、下游堤防、河道整治工程、蓄滞洪区组成的"上拦下排、两岸分滞"的防洪工程体系，提高了黄河下游抵御洪水灾害的能力。

而在长江流域，目前纳入联合调度范围的控制性水库有51座，总调节库容1160亿立方米、总防洪库容705亿立方米；排涝泵站10座，总排涝能力1562立方米每秒；蓄滞洪区46处，总蓄洪容积591亿立方米，防洪工程设施实力雄厚。

由于蓄滞洪区启用代价大，除非遇上特大洪水，防汛部门主要通过调度各水库的库容来实现削峰滞洪。在与多轮洪峰"车轮战"时，黄河防汛工作者需要依靠准确的水雨情预报和详尽的模型方案实时滚动分析，做到该拦蓄时利用好每一立方米的防洪库容，能够泄洪时抓住每一秒时机，吞吐之间既不能让下游河道漫滩，又要让水库及时空出库容来迎接下一轮洪峰，这个调度过程堪称是基于科学的决策艺术。

非工程性防洪措施是与工程性防洪措施相对立提出的，是指不修（或少修）防洪工程，采取其他减轻洪灾损失的措施。如分、滞洪区管理，土地利用调整，预警和预报系统，防洪立法与防洪保险等措施。采取非工程性防洪措施的策略，目的是减少洪灾造成的损失，利用较少的投入达到较大的收效。比如持续性大暴雨或者是连续的数场暴雨极易造成洪水灾害。因此，准确预报暴雨的地点、强度等，以及准确预测洪水灾害的发生时间，对于更好地做防汛准备工作，减轻灾害造成的损失是至关重要的。

暴雨洪水灾害一旦发生，就要及时发布突发气象灾害预警信号及突发气象灾害防御指南。气象灾害防御指挥部门要启动气象灾害应急预案，各级气象灾害相关管理部门应及时将灾害预报警报信息及防御建议发布到负责气象灾害防御的实施机构，使居民及时了解气象灾害信息及防御措施，并在应急机构组织指导下，有效防御、合理避灾防灾，安全撤离人员，将气象灾害损失降到最低。

总体来看，我国的国土面积广阔，河流众多，洪水灾害频繁。因此，防洪是一个长期的、艰巨的、科学性的工作。做好防洪工作，把洪水灾害损失降到最低，需要人们长期坚持不懈的努力。

第四章
宜居的水环境

　　水环境与人类社会发展密切相关。然而，人类活动会使大量的工业、农业和生活废水排入水中，使水体受到污染。水环境污染问题，是制约我国水资源有效利用的首要问题。饮用水源被污染、城市黑臭水体、水体富营养化、有毒物质超标等，在一定程度上给人们造成了损失。因此，人们也越来越重视对水资源的保护，开始从发展理念、政策、技术和管理多个维度对水环境进行综合治理，打造宜居、健康的生活环境。

生态中国　水

第一节　川泽纳污水始清

水是人类生存、发展和繁荣的基本要素，一切物质生产都离不开水，可以说，没有水，现代化生产就无法进行。水比石油、煤、铁等资源更加宝贵。随着人口增加，工业化和城市化以前所未有的速度发展，人们对水资源的利用较大，并将一些生产、生活废水未经处理就排入水体，导致水体受到不同程度的污染。因此，防治水污染就成了保护水资源的一个重要研究课题。

水污染的判别

> **·知识卡·　水污染**
>
> 水污染是指工业废水、生活污水和其他废弃物进入江河湖海等水体，超过水体自净能力所造成的污染。它会导致水体的物理、化学、生物等方面的特征发生改变，从而影响到水的利用价值，危害人体健康或破坏生态环境，造成水质恶化。

纯净的水是无色、无味、透明的。但是水在自然界是处在不断循环运动中的，水汽在空中凝成水滴和下降过程中，会吸收、溶存空气中不同的气体和各种飘尘，而在降落到地面后，又会通过渗透土壤、冲刷岩石，富集土壤和岩石中的有机物。同时，自然界的水体中还生存着各种水生生物。所以，完全纯净的水在自然界中是不存在的。

随着人类活动范围的扩大和社会生产的发展，生产、生活污水不断增加，其中大部分污水被排入江河湖海等较大的水体中。虽然江河湖海等较大水体具有自净能力，能够通过流动、阳光照射、与空气接触、稀释、沉淀和生物的分解作用等，将污水净化，但是这种自净能力是有限的，一旦污染物的含量过大，超过了水体的自净能力，就会导致严重的水污染。目前，保护水资源不再受到污染，已经到了刻不容缓的地步。

水污染的来源

水污染主要由人类活动产生的污染物所造成，污染物主要来源于工业废水、生活污水和农业废水三部分。其中工业废水、生活污水多属于点源污染，农业废水属于面源污染。

工业废水主要来源于工业生产过程中产生的废水和废液。随着工业的快速发展，工业废水的种类和数量迅猛增加，对水体的污染也日趋广泛，严重威胁人类的健康和安全。如造纸、纺织、印染等轻工业部门，在生产过程中常会产生大量废水，如果这些废水被直接排放到河流中，会使河流水质发黑变臭。此外，工业

生态中国 水

废水还具有量大、面积广、成分复杂、毒性强、不易净化、难处理等特点，它的处理比城市污水处理更为重要。目前，我国政府持续加大对工业企业排污情况的监督，关停了许多环保不达标的工业企业。

生活污水主要是人类生活中产生的废水，其特征是浑浊、色深、具有恶臭，一般不含有有毒物质，但常含植物营养物质，且具有大量细菌、病毒和寄生虫卵。城市由于人口密集，人们的生活用水量增多的同时，排放的污水总量也在增加，而生活污水治理难度大，成效低，导致水资源总量减少、水污染加剧等问题。

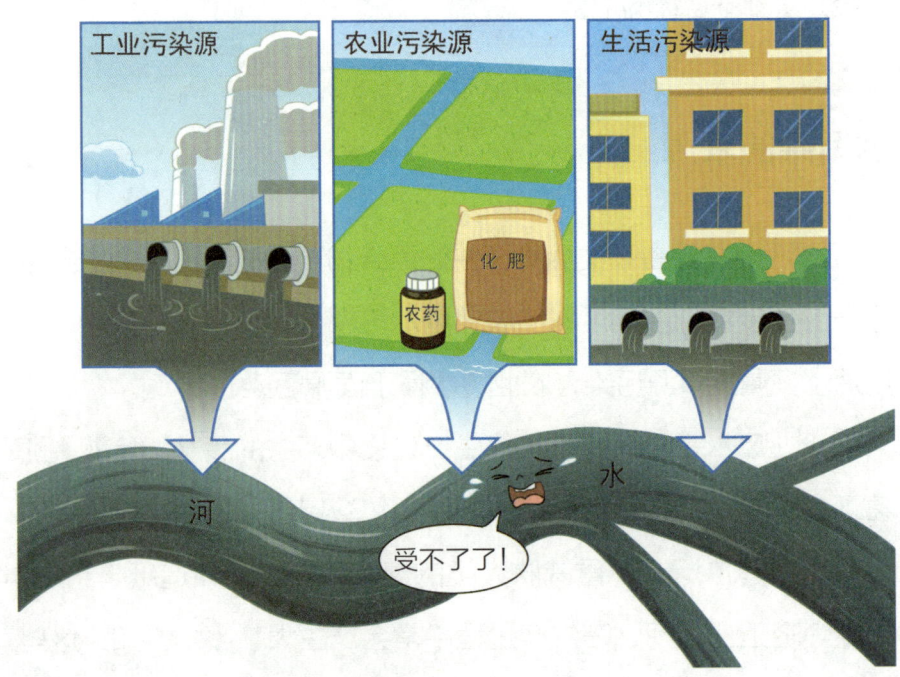

▲ 水污染的污染物主要来源

第四章　宜居的水环境

农业废水是农作物栽培、牲畜饲养、农产品加工等过程中排出的废水。在农业生产过程中，不合理使用化肥、农药，乱排畜禽养殖废弃物，燃烧农作物秸秆等均能造成水污染。在现代农业生产中，化肥、农药的用量在迅速增加，施了肥或使用了农药的土壤，经过雨水或者灌溉用水的冲刷及土壤的渗透作用，残存的肥料和农药会通过农田的径流进入地面水和地下水中，污染水源。由于农业废水水量大，影响面广，隐蔽性强，因此控制难度大。

水体受到污染后对人类的健康危害极大，还会给渔业、农业、工业等带来巨大损失，严重阻碍生产的正常运行，从而影响社会经济的发展。故而，预防水污染需要全社会都行动起来。

第二节　准绳平直水标准

《吕氏春秋·自知》有云"欲知平直，则必准绳；欲知方圆，则必规矩"，意思是，要想知道平直与否，就必须借助水准墨线；要想知道方圆与否，就必须借助圆规矩尺。同样的道理，衡量、判定水的质量也需要一条"准绳"——水质标准。

水被污染难以净化

传说书法家王羲之曾每天奋笔疾书，写完字后就到家门口的水池里去洗笔。久而久之，池水都被染黑了，人们把这个水池称作"墨池"。如果王羲之当时在一个更大的池子里洗笔，墨池还会存在吗？今天，这个墨池是不是仍然存在着？

其实，水本身具有自净的能力。墨池中的墨水在进入面积更大的水体中后，也会参与水体中的物质转化和循环，经过一系列水体的物理、化学和生物作用，并经过相当长的时间和距离，墨水自然而然被分解，水体又基本上或者完全恢复到原来未被污染的平衡状态。但是，并非所有的被污染的水都能通过自净能力恢复如初。

第四章　宜居的水环境

池塘水变黑　　　　　　　池塘水自净

▲ "墨池"的自净能力

地表水的质量标准

一般情况下，人们看到清澈的水会认为水是干净的，水质较好，而看到颜色发黑、发绿，甚至伴有恶臭的水则会认为水是被污染的，水质差。实际上，判断水质的优劣及是否满足用水的要求，不光要看颜色、闻气味，还需要一系列严格的标准来衡量，这就是水质标准。

> **·知识卡·水质标准**
>
> 水质标准是根据各用户的水质要求和废水排放容许浓度，对一些水质指标做出的定量规定。

由于水参与人们生产、生活的方式各异，因此不同部门对水质的要求也不一致，参考的水质标准也不尽相同。我国规定的各种用水标准，都是按照用水部门实际需要制定的，包括《地表水环境质量标准》（GB 3838）、《生活饮用水卫生标准》（GB 5749）等。目前，我国使用的最新《地表水环境质量标准》（GB 3838—2002）主要适用于江河、湖泊、运河、渠道、水库等具有使用功能的地表水域，目的是保障人体健康，维护生态平衡，保护水源并控制污染，改善水质和促进生产。根据地表水水域环境功能和保护目标，按功能高低依次将水域功能和标准划分为五类：

Ⅰ类　主要适用于源头水、国家自然保护区；

Ⅱ类　主要适用于集中式生活饮用水地表水源地一级保护区、珍稀水生生物栖息地、鱼虾类产卵场、仔稚幼鱼的索饵场等；

Ⅲ类　主要适用于集中式生活饮用水地表水源地二级保护区、鱼虾类越冬场、洄游通道、水产养殖区等渔业水域及游泳区；

Ⅳ类　主要适用于一般工业用水区及人体非直接接触的娱乐用水区；

Ⅴ类　主要适用于农业用水区及一般景观要求水域。

我国制定的各种用水标准，不但可以让人们了解水质的优劣，做到水尽其用，而且能起到监督和规范人们行为（不能随意污染水源）的作用，以确保河流水质稳定达标。其实，在实际生活中，还存在一种水质比Ⅴ类还要差的水，被人们称为劣Ⅴ类水。

第四章　宜居的水环境

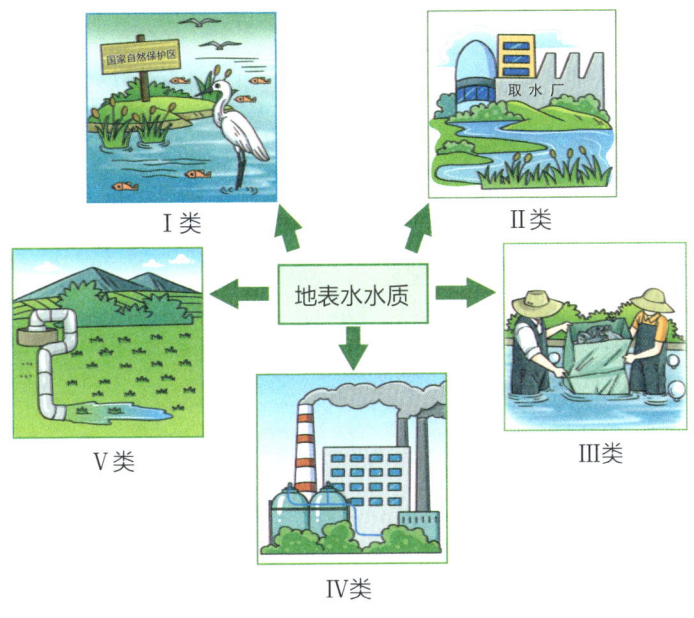

▲ 地表水水质分类

　　劣 V 类水通常被称为黑臭水体。近些年，我国一直在加强加大黑臭水体整治力度，力争基本消除劣 V 类水。2013 年全国主要江河中劣 V 类水占 10% 以上，2015 年全国主要江河水系水质情况有了一定改善，2022 年全国主要河流水质明显好转，特别是劣 V 类水占比下降到 0.7%，绿水清流又回来了。

新科技赋能水质保护

　　水质优劣与人类的生产、生活和健康密切相关，故其历来就受到人们的关注。为了了解水质情况，人们必须对水体的各项指标进行分析检测，这就需要人们先收集监测水体及其所在区域的有关资料，然后在监测断面和采样点进行采样检测等。然而，中国的水资源分布广，地域差异明显，人们不可能时刻关注河水的变化，但是如果具备"千里眼""顺风耳"的特异功能就可以全天候在线监测，对水质情况了然于心，随时为当地的环境管理和生态保护提供科学依据。

"千里眼""顺风耳"在古代是人们的美好想象和希望，如今的高科技已经让这些变为现实。目前，人们应用卫星遥感、无人机、自动监测、在线监控等高科技手段，编织出一张"巨网"，覆盖所需要监测的水域，构建了智慧监测体系。这套智慧监测体系可以实时显示某河沿岸的动态画面及河道各监测点位水质监测数据，这些数据就是监测人员的"千里眼"和"顺风耳"。

以无人船为例，由于地表水采样的现场影响因素十分多样且复杂，环保工作人员经常会遇到现场危险、无法到达采样点等情况，导致难以采集到具有代表性的地表水样品。使用无人船不但能替代传统人工采样工作，而且能深入污染禁区，确定污染范围及程度，迅速采集污染水样，带回最新数据，大幅提升样品的代表性和准确性。在遇到极端天气或者水域复杂的情况时，无人船还可以根据设定好的轨迹，绘制出水中污染物的分布图，同时进行暗管探测。

第四章　宜居的水环境

△ 无人船

近年来，随着我国对江河水质监测的力度不断加大，我国主要河流水体的水质情况日益向好，人水和谐的斑斓画卷渐渐展现在人们的面前。

生态中国　水

第三节　多措并举促节水

水在人类生活中占有特别重要的地位，不仅用于城市生活、农业灌溉、工业生产，还用于发电、航运、水产养殖、旅游娱乐、改善生态环境等。然而，我国却面临着水资源不足的局面，水资源已经成为我国社会可持续发展的重要制约因素。因此，节约用水、合理用水已成为人们的共识，同时，我国也通过多种举措推进节水型社会的建设。

节约用水的意义

水是万物之母、生存之本、文明之源。人多水少、水资源时空分布不均是我国的基本水情，水资源短缺已经成为我国经济社会发展面临的严重安全问题，因此人们必须重视节约用水。节约用水是提高水资源的利用率，减少污水排放的主要措施，也是节省水资源、降低消耗、增加效益的重要途径。可以说，节约用水具有十分重要的意义：（一）可以减少当前和未来的用水量，维持水资源的可持续利用；（二）可以节约当前给水系统的运行和维护费用，减少水厂的建设数量或降低水厂建设的投资；（三）可以减少污水处理厂的建设数量或延缓污水处理构筑物的扩建，使现有系统可以接纳更多的污水，从而减少受纳水体的污染，节约建设资金和运行费用；（四）可以增强对干旱的预防能力，短期节水措施可以带来立竿见影的效果，而长期节水则因大大降低了水资源的消耗量，从而能够提高正常时期的干旱防备能力；（五）具有明显的环境效益，除提高水环境承载能力等方面的效益外，还有美化环境、维护河流生态平衡等方面的效益。

节约用水从何做起？

人们每天都在使用水，有时会有一种错觉，认为水取之不尽，用之不竭。其实，水资源是十分稀缺的。节约用水是一件刻不容缓的事情，需要我们从现在做起，从身边小事做起。

日常生活用水习惯和每个人息息相关，也最能展现人们的节水之举。日常节水方法多种多样。一般情况下，家庭用水主要包括卫浴用水、洗衣用水和厨房用水三大块，其中卫浴和洗衣约占2/3，是家庭的节水重点。如人们清洗衣物宜集中，少量衣物宜用手洗；洗衣机排水时，可将排水管接到水桶、水盆内，回收的水可再利用。此外，人们也应知道用水器具水效等级，选购时，可选择节水型用水器具。如果人们都能在日常生活中的各个方面注意节约用水，节约的水量还是非常可观的。

生态中国　水

▲ 生活节约用水之一水多用

相比于日常生活用水，农业历来是用水第一大户，农业用水主要是灌溉用水，是我国合理用水、节约用水的主要对象，节水潜力较大。农业节水措施主要是节水灌溉，即根据作物需水规律和当地供水条件，用更少的水获得更多的经济效益、社会效益和环境效益。节水灌溉包括管道输水灌溉、喷灌、微灌等。

工业生产也是用水大户，工业节水是缓解我国供水压力的有效措施。那么，工业企业如何做好节水工作呢？工业节水可分为技术性节水和管理性节水。其中，技术性节水措施包括建立和完善循环用水系统，提高工业用水重复率，从而减少用水量，进而缓解水资源供需矛盾。此外，还可以采用节水新工艺，使用无污染技术或少污染技术，推广节水器具，推广再生水的工业化用途等。

第五章
健康的水生态

　　水是生态系统中最重要的组成部分之一。水孕育了农耕文明，让黄土焕发生机；水滋润了中华大地，让沙漠变成绿洲；水荡涤了万物表里，让生命千姿百态……

　　人水和谐，让中国的山更绿、水更清，绿水青山共绘美丽中国。

生态中国　水

第一节　雪尽山青水涵养

宋代诗人陆游在《春日·其五》中写道:"雪山万叠看不厌,雪尽山青又一奇",意思是连绵起伏的雪山让人百看不厌,雪融化后,群山披上绿装,又是一大奇景。这也充分说明了水在自然界中的重要作用。中国是一个多山的国家,像诗中所描绘的高山景观也着实不少,尤其是有着"亚洲水塔"之称的青藏高原,它独特的高寒生态系统具有极其重要的水源涵养功能,为我国陆地生态系统提供了重要的水资源。

·知识卡·　　　水源涵养

水源涵养是生态系统通过对降水的截留、渗透、蓄积等实现对水流、水循环的调控,主要表现在缓和地表径流、补充地下水、减缓河流流量的季节波动、滞洪补枯、保证水质等方面。对于高原地区,草原、湿地、冻土、冰川等是主要水源涵养单元。增加植被覆盖率,是提高区域水源涵养功能的主要措施。

青藏高原为什么水源涵养功能强大？

青藏高原处于中国地势的第一级阶梯，平均海拔在 4000 米以上，由于气温随海拔升高而降低，因此大量的水资源以冰川、积雪等形式储存在这里。据第二次青藏高原综合科学考察研究队初步估算，青藏高原的冰川储量、湖泊水量和主要河流出山口处的径流量三者之和超过 9 万亿立方米，至少相当于 230 个三峡水库的最大蓄水量。

这么庞大的水资源量是如何被存储下来的呢？青藏高原海拔高、气温低，冬季的降雪量比较大，而蒸发量比较小，比较有利于水资源的保持，再加上冻土分布广泛，土壤中储存水分较多。而在夏季，积雪和冰川融水一方面形成众多的湖泊和河流，构成了高原的水网体系；另一方面被高山植被吸收并存蓄，这对水资源的保持起到了重要作用。

青藏高原独特的地理位置和环境造就了其重要的地位。这里的植被、草原、湖泊等发挥着巨大的水源涵养作用，使青藏高原成为我国生态系统类型最丰富的地区之一。

高寒草地植被是如何涵养水源的？

三江源地区位于青藏高原腹地，是中国面积最大的国家级自然保护区，也是长江、黄河、澜沧江的发源地。这里地表覆盖类

生态中国　水

型以草地（高寒草原、高寒草甸）为主，草地面积占全区总面积的65%左右。高寒草地植被看似万分柔弱，却是江河源头的重要生态屏障。

在大自然中，虽然草地植被体形小，但人们可千万不能小看它们。草地植被生长迅速、数量庞大，在地球生态系统中具有不可替代的重要地位和作用。三江源地区的高寒草地不仅对区域生态环境、气候调节影响重大，还对整个中国及东南亚的水源涵养、生态安全和经济发展至关重要。

高寒草地植被普遍具有发达的根系，它们的根纵横交织，形成紧密的根网。这些紧密的根网可以疏松土壤，增加土壤的孔隙度，增强土壤的渗透能力，并固持土壤，加上根系活动和根系分泌物的作用，使土壤腐殖化和黏化作用增强，土壤黏粒不断聚积，提高了土壤抗冲性和抗蚀性。

在秋冬季节，高寒草地植被遗留在地下的残根和地面上的枯枝败叶被土壤微生物分解，给土壤带来了丰富的有机质，使土壤团粒显著增加，改善了土壤的理化性质，土壤的透水性和持水性大大增强。

除此以外，高寒草地植被的叶片普遍具有较厚的角质层，可以减少水分的散失和抵御较强的辐射。正是高寒草地植被这种吸水量大、蒸发量小的特性，阻缓了地面径流，才保证了水分在土壤中的有效蓄存。

第五章 健康的水生态

湿地涵养水源的重要作用

青藏高原地区冰雪融水量充足，故而其江河源区形成了大面积的高原湿地。如三江源国家公园湿地，面积就十分广阔，约占园区总面积的17%。之所以能形成这么大面积的湿地，是因为园区内冰雪融水充足，地表水丰富；地下有冻土层，地表水不容易下渗；园区海拔较高，气温低，蒸发量小；地势低平，地表水不容易排泄出去，土壤中水分饱和。三江源地区的湿地在很大程度上调节着冰雪融水和地表径流，使河流水量均衡。

> **·知识卡·ㅤㅤ湿地**
>
> 湿地，被称为"地球之肾"，是濒临江、河、湖、海或位于内陆，并长期受水浸泡的洼地、沼泽和滩涂的统称。中国湿地主要分布在苏北沿海、东北三江平原、青藏高原和内陆盆地等。

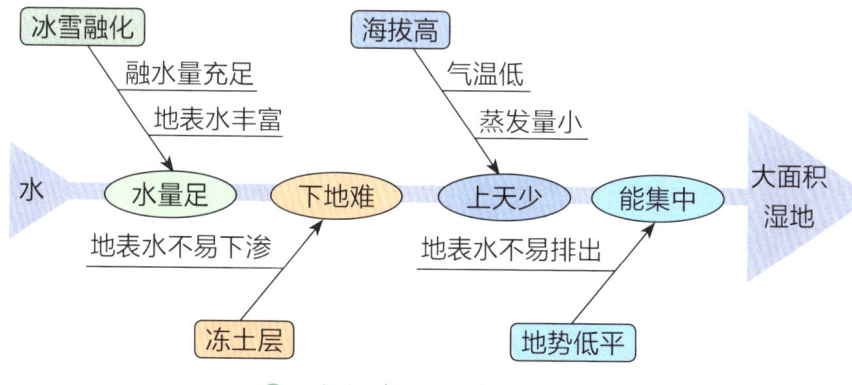

▲ 三江源大面积湿地形成原因

生态中国　水

　　青藏高原上大量的冰川融水孕育了草地、湿地和湖泊，实现了对水资源的蓄存。但是，受气候变化和人类活动的影响，青藏高原也曾出现湖泊萎缩、草地沙化等一系列生态问题。自从国家加大对青藏高原生态保护的力度后，当地的生态环境持续改善，水源涵养功能不断增强。目前，青藏高原的生态保护工作还在持续进行，相信在科学修复、保护优先和自然恢复为主的原则指导下，"亚洲水塔"定会丰盈常清，碧水永续东流。

第五章　健康的水生态

第二节　九曲黄河水土存

唐代诗人刘禹锡在《浪淘沙》中写道："九曲黄河万里沙，浪淘风簸自天涯。"这两句诗描写了弯弯曲曲的黄河挟带着泥沙，奔腾万里，从遥远的天边滚滚而来的景象。其实，自有记录以来，人们提到黄河，无不提及黄河水颜色浑浊、泥沙含量大，也常用"斗水七沙"来形容黄河含沙量大。因此，如何科学合理地为黄河治沙一直是人们不断探索研究的问题。

谁把黄河"染"黄了？

提到黄河，人们首先想到的就是它的浑浊，似乎"水少沙多"已经成为人们对黄河的固有印象。黄河干流可分为上、中、下游三段，上游为河源到内蒙古自治区托克托县的河口镇；中游为河口镇至河南省桃花峪；下游为桃花峪至入海口。黄河浑浊主要是因为中游水土流失严重，而中游的水土流失情况又与西北地区的土壤结构有很大关系。

从黄河源头到上游甘青交界处河水清澈见底，但是在流经中游黄土高原时，由于黄土高原土质疏松，每遇暴雨，水土流失便

79

生态中国 水

🔺 黄河流经黄土高原时呈黄色

极为严重,因此黄河就被"染"黄了,它也因此成为世界上含沙量最大的河流。实测数据显示,1919—2020年,黄河年平均含沙量达31千克每立方米,相当于1吨黄河水里面就有31千克泥沙。

"地上悬河"是怎么形成的?

　　黄河上、中游流经中国地势第一、第二级阶梯,河流落差大,水流湍急。到了下游,黄河进入第三级阶梯的华北平原,河道落差、坡度骤然变小,河水流速变慢,泥沙沉积。大量的泥沙沉积下来抬高了河床,导致黄河在雨季时溃决、泛滥、改道频

第五章 健康的水生态

发。为了防止水患,人们在黄河下游筑堤束水。然而,经年累月的泥沙淤积致使原有的河堤不足以阻挡河水的泛滥,河堤不断加高加宽,在河床和河堤的持续较量下,河床高于地面,便形成了著名的"地上悬河",又称"地上河"。

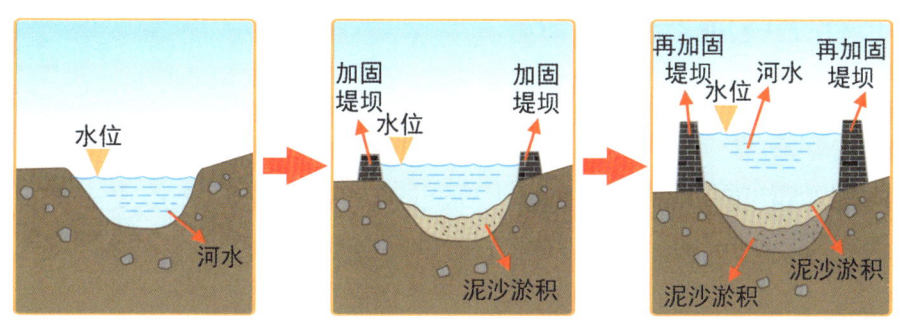

△ "地上悬河"形成过程示意图

"地上悬河"不仅源源不断地补给地下水,而且对沿河两岸的生态系统产生了巨大影响。同时,大量堆积的泥沙使黄河入海口附近形成了世界上最年轻、最活跃的黄河三角洲。由于黄河含沙量高,年输沙量大,巨量的泥沙在河口附近淤积,填海造陆的速度很快,并形成大片的新增陆地。据统计,黄河三角洲平均每年以2～3千米的速度向渤海推进。黄河三角洲生态类型独特,海河相会处形成的大面积浅海滩涂和湿地,成为东北亚内陆和环西太平洋鸟类迁徙的重要"中转站"和越冬、繁殖地,具有重要的生态功能价值。

虽然"地上悬河"带来了诸多好处,但是人们也要意识到,

生态中国　水

由于长期采取加高堤防的方式来约束洪水，河床和两岸地面之间的高差越来越大，一旦遭遇暴雨，河水猛涨，"地上悬河"的河堤随时都有决口的风险。

怎样给黄河"去色"？

给黄河"去色"，关键是减少黄河中的泥沙量，而减少黄河中泥沙量的关键就是恢复黄土高原的生态。根据相关历史文献资料记载，距今几千年前，黄土高原上森林茂盛，后来，在战争、天灾和人类的不合理利用的影响下，树木的数量逐渐减少，直至森林荡然无存。如今，黄土高原上的人们已经认识到生态保护的重要性，并摸索出许多治理环境的措施。为了防止水土流失，黄土高原上的人们通过植树种草，退耕还林、还草来提高植被覆盖率，有效减轻了水土流失。

同时，人们还通过修筑梯田、打坝淤地等工程措施来治理黄土高原水土流失。打坝淤地是在易发生水土流失的沟谷沟底修筑大坝，大坝可以拦截坡地流失的表土，这些表土经年累月在大坝附近堆积后会形成肥沃的田地。打坝淤地不仅解决了耕地少的问题，还起到了涵养水源、保持水土的作用。

人们不仅对黄土高原不断进行生态修复，也在黄河流经的地势阶梯交界处修建了很多水电站，这些水电站就是一个个水库，

第五章 健康的水生态

发挥着静水沉淀作用,将水中的泥沙蓄存于水库中。同时,水电站会定期通过人造洪峰等方式进行排沙、排淤,将下游河床淤积的泥沙送入大海。

生态中国　水

第三节　呵护地下"生命线"

有一种水，深藏地下，它就是地下水。地下水是城市生活用水、工业用水和农田灌溉的重要供水水源，对区域经济和社会发展起着十分重要的作用。但是，随着城市发展和人民生活水平的提高，人们对水资源的需求量迅猛增加，地下水的开采量逐年增加，不少地区出现了地下水超采现象，并由此引发了一系列严重的生态环境问题。为了保护优质的地下水资源，人们应该全面认识我国地下水的现状，加强地下水资源管理，实现地下水资源的可持续开发利用。

认识地下水

地下水是指赋存于地面以下岩石和土壤空隙中的水。根据埋藏条件，地下水又分为潜水和承压水。潜水是埋藏于地表以下第一个稳定不透水层上，具有自由表面的地下水，通常所见到的地下水多半是潜水。承压水（自流水）是埋藏较深的、赋存于两个不透水层之间的地下水，承受压力，当上覆的不透水层被凿穿时，水能从钻孔上升或喷出。

第五章　健康的水生态

地下水是水资源的重要组成部分，它虽然比地表水资源量小，但具有空间分布范围广、调节性强、水质洁净和可利用性强等优点。因此，地下水在保障城乡居民生活用水、支持社会经济发展和维持生态平衡等方面发挥着重要作用，尤其是在地表水资源相对贫乏的干旱、半干旱地区，地下水资源具有不可替代的作用，是许多城市的重要供水水源，在水资源开发利用中占有重要地位。目前，我国北方和西部地区主要城市的地下水供水量往往超过供水总量的50%，许多城市高达80%。

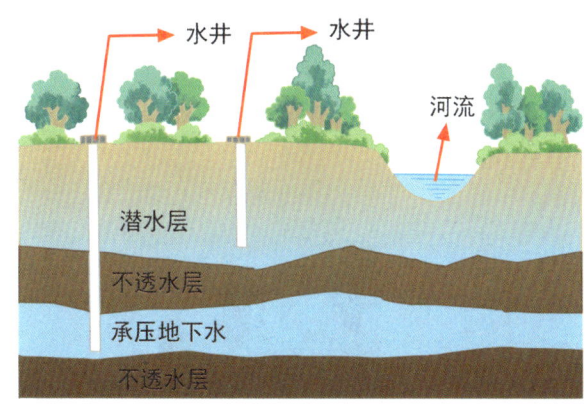

▲ 地下水的埋藏条件

那么，这么多的地下水究竟是从哪里来的呢？通常地下水的来源主要是大气降水，雨雪降落到地面上，一部分形成地表径流，一部分通过蒸发重新回到大气层，还有一部分渗透到土壤、岩石当中形成地下水。江河、湖泊、水库、池塘、引水渠等地表水体，在地表水位高于地下水位时，也会通过渗漏方式补给地下水。多数情况下，降水入渗补给是地下水的主要来源，但在降水量小于200毫米的干旱区盆地，由于降水量很少，地下

生态中国　水

水主要来自盆地周边出山河流的渗漏补给，以及少量的凝结水补给。

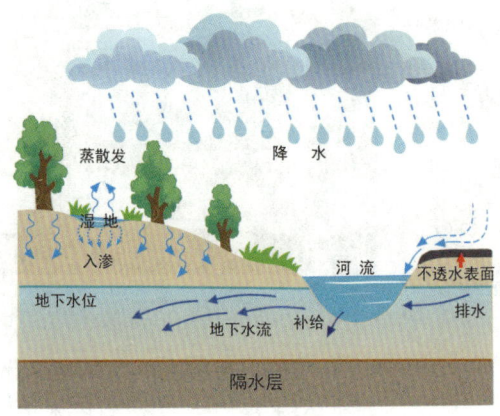

▲ 地下水的补给来源示意图

> ·知识卡·　　　　　　地下水的运动
>
> 　　地下水也是水循环中的一个关键角色。地下水更像海绵里的水，它们存在于岩石和地下物质之间的空隙中，在其中缓慢流动。一些地下水会停留在地表附近，然后缓慢进入河、湖、海洋；还有一些地下水在地表找到出口并形成泉水。随着时间的推移，这些水都在不断移动，其中一部分水最终会重新进入海洋。

地下水超采带来的危害

　　地下水不仅是重要的供水水源，也是生态系统的重要支撑。在世界上任何一处有地下水可供植物利用的地方，陆地生态系统

第五章 健康的水生态

都对地下水有所依赖，尤其是干旱环境中的水泉通常完全由地下水补给。因此，地下水对于维持干旱地区复杂的食物链关系至关重要。

正是由于地下水具有资源和环境的双重属性，并且是生态系统的组成要素，所以，许多地区存在长期过量开采地下水现象。当一些地区的地下水开采量超过地下补水量时，往往会导致区域性地下水位下降、泉水断流、水源枯竭，进而诱发地面沉降、地裂缝、岩溶塌陷、海水入侵等严重地质灾害，以及地下水污染、土壤盐渍化、湿地消失、植被退化、土地沙化等生态问题。例如，华北平原中东部地区已成为超采地下水最严重、地下水水位降落漏斗面积最大的地区；西北内陆的石羊河流域、乌鲁木齐河流域等地区，由于中游工农业生产过量开采地下水及山前戈壁带河流对地下水补给的减少，出现了不同程度的区域性地下水水位下降现象，从而导致了下游植被衰退和土地沙化；沿海地区由于过量开采地下水，导致地下水水位下降到海平面以下，海水侵入

地面塌陷

地下水位下降引起地面沉降

▲ 地下水超采带来的危害（部分）

87

生态中国　水

到陆地地下水含水层，造成了地下水水质恶化等。

地下水的保护

地下水作为珍贵的自然资源，其重要性也不断被人们所认识，合理开发和利用地下水资源已经成为人们的共识。为了依法保护地下水，我国于2021年12月起实施了《地下水管理条例》，从地下水调查与规划、节约与保护、超采治理、污染防治、监督管理等方面作出了明确规定。目前，我国很多省份都开展了地下水超采综合治理行动，也取得了显著成效，如华北地区是超采地下水最为严重的区域，这里河湖水量、大气降水均无法补足地下水的消耗，只有靠外区调水回补地下水。在各方努力下，自2018年以来，华北地区地下水超采综合治理行动成效显著，累计增加外调水262.5亿立方米，回补地下水亏空近80亿立方米，地下水位实现止跌回升。

在面临水资源短缺的今天，与地表水相比，地下水的某些特点使其在国民经济建设中具有特殊的地位，特别是在地表水相对贫乏的地区，地下水是不可替代的水源。人们只有科学认识地下水资源的客观规律，充分利用地下水，准确把握地下水资源开发利用尺度，保持生态环境平衡，才能更大程度地发挥地下水资源的经济效益和社会效益，最终实现人、水、自然的和谐。

第六章 伟大的水工程

水是人类赖以生存和发展的物质基础,水利工程是国家基础设施建设的重要组成部分,在防洪安全、水资源合理利用、生态环境保护、推动国民经济发展等方面具有不可替代的重要作用。从古至今,中国的水利工程建设在生态保护、农田灌溉、交通运输和能源利用等方面为人们的生存与发展作出了重大的贡献。

生态中国 水

第一节　巧夺天工都江堰

都江堰是世界上迄今为止历史最悠久、保存最完整且仍在一直使用、以无坝引水为特征的宏大水利工程。它以灌溉为主，兼有防洪、水运和城市供水等多种效益，是中国古代劳动人民勤劳、勇敢、智慧的结晶。如今，虽然许多人都知道都江堰举世闻名，是著名的水利灌溉工程，但是很少有人去了解都江堰是如何引水、如何防洪的，它的三大主体工程又都分别具有什么作用。要想了解这些，就要了解都江堰的修建历史。

李冰为什么修建都江堰？

号称"天府之国"的成都平原，曾经是一个旱涝灾害十分频繁而严重的地方。这是因为流经成都平原的岷江水流量大、流速湍急，而岷江口是长江上游和中游的分界点，每当春夏山洪暴发的时候，江水奔腾而下，从灌县（今都江堰市）进入成都平原，由于河道狭窄，古时常常引发洪灾，洪水一退，又是沙石千里。而灌县岷江东岸的玉垒山又阻碍江水东流，造成东旱西涝。

第六章 伟大的水工程

公元前256年，蜀郡守李冰在对岷江水情、地势等实地考察了解后，设计了详细的施工方案，在前人鳖灵开凿的基础上，他带领当地百姓先在玉垒山凿开了一个"宝瓶口"，又在江心筑堰形成了"鱼嘴"，接着在鱼嘴的尾部修建了"飞沙堰"，最终建成了中国古代的鬼斧神工之作——都江堰。

▲ 都江堰水利工程示意图（部分）

"鱼嘴"得名是因里面有鱼虾吗？

其实，鱼嘴是都江堰三大主体工程之首，是岷江上的分水堤，因头部状如鱼嘴而得名。

生态中国　水

△ 都江堰的鱼嘴（左）和鲸鱼的嘴巴（右）对比图

鱼嘴的设计十分巧妙，它利用地形、地势将岷江分为内江和外江。东边沿山脚的叫内江，窄而深，是人工引水渠道，主要用于灌溉；西边的叫外江，俗称金马河，宽而浅，是岷江正流，主要用于排洪。在冬春枯水期时，水位较低，江水从鱼嘴上游的弯道绕行，60%流入内江，40%流入外江；在夏秋丰水期时，水位较高，水势不再受弯道制约，60%直接流入外江，40%流入内江。这样的四六分水，不仅解决了夏秋季洪水期的防涝问题，也解决了冬春季农田灌溉等问题，从而保证成都平原一年四季水量稳定。

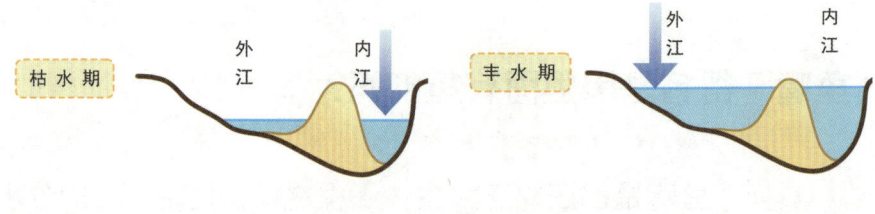

△ 鱼嘴四六分水示意图

第六章 伟大的水工程

"飞沙堰"真的是黄沙漫天吗？

都江堰的"飞沙堰"上像沙尘暴来临一样黄沙漫天吗？答案当然是否定的。飞沙堰是指溢洪道，同样是采用竹笼卵石结构堆筑而成，因泄洪飞沙功能显著而得名。它是内江外侧的一道长约200米、比河床高2米左右的堤坝，看上去平凡无奇，却设计巧妙，功能强大，是确保成都平原不受水灾的关键工程。飞沙堰的一个功用是当内江的水量超过宝瓶口流量上限时，多余的水便从飞沙堰自行溢出到外江；如果遇到特大洪水，它还会自行溃堤，使大量江水回归岷江正流。飞沙堰的另一个功用就是"飞沙"。岷江从山上而来，挟带着大量的泥沙、石块顺着内江而下，时间一长就会淤塞宝瓶口和灌区，有发生水灾的隐患。为了解决这个问题，飞

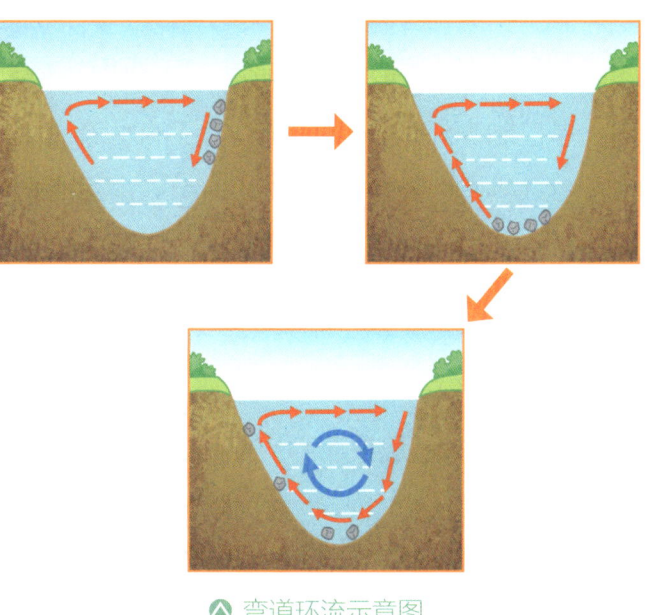

▲ 弯道环流示意图

93

沙堰的设计运用了弯道环流原理,当内江的水被狭窄的宝瓶口制约时,会在飞沙堰附近形成漩涡(环流),借助弯道离心力将水中的部分沙石通过飞沙堰抛入外江,还有一部分泥沙会沉积到凤栖窝,通过人工淘沙排出,以确保内江的通畅。

"宝瓶"是观音菩萨的玉净瓶吗?

都江堰还有一个"宝瓶口",难道说这个"宝瓶"是《西游记》中观音菩萨手里的宝瓶——玉净瓶吗?这里的宝瓶口是指在从玉垒山伸向岷江的长脊上凿开的一个进水口,其形前窄后宽如大瓶且功能奇特,故名"宝瓶口"。在宝瓶口右边有一座山丘,因其与原山体相离,故名离堆。宝瓶口主要起"节制闸"的作用,是控制内江进水的咽喉。内江的水流进宝瓶口后,江水经过干渠经仰天窝节制闸后被一分为二,再经蒲柏、走江闸又被二分为四,通过西北高、东南低的倾斜地势,一分再分,形成独特的自流灌溉渠系,千百年来,一直浇灌着成都平原。

都江堰通过鱼嘴分水堤、飞沙堰溢洪道和宝瓶引水口的巧妙配合,科学地解决了江水的自动引水分流、自动排沙、防洪减灾等一系列重大问题。它规划科学、布局合理、配合巧妙,联合发挥了分水、导水、壅水、引水和泄洪排沙的功能,形成了科学完整、调控自如的工程体系,创造了人与自然和谐共生的水利形式，在灌溉、水运、环保和防洪等方面发挥着重要作用，使成都平原成为"水旱从人，不知饥馑，时无荒年"的"天府之国"。

生态中国　水

第二节　大江安澜三峡梦

　　长江流域是人类居住时间最长的地区之一，与黄河流域共同孕育了中华五千多年的文明。长江，蕴藏着丰富的水能资源，养育着长江流域的亿万人民，然而，好发于长江中下游的洪水始终是长江中下游地区人民的心腹之患。除害兴利，开发长江水力资源，是长江流域亿万人民千百年来梦寐以求的事。追梦数十载，筑坝治水，通航发电，勤劳的中华儿女排除万难，用智慧与双手建造了世界闻名的三峡工程，成功实现了大江安澜，将安全、富饶带给了居住在长江两岸的人民，也将长江之中蕴含的巨大能量输送到祖国各地。

百年三峡何为最？

　　三峡是长江的咽喉，它西起重庆奉节的白帝城，东到湖北宜昌的南津关，由瞿塘峡、巫峡和西陵峡三段峡谷组成。长江三峡蕴含着丰富的水力资源，孙中山先生曾在1919年发表的《建国方略》一文中提出在长江三峡上修建大坝的设想，这也是中国兴建三峡工程设想的最早记载。中华人民共和国成立后，党和国

第六章　伟大的水工程

家领导人对长江的综合治理和开发工作十分重视，经过几代人的艰辛探索与不懈奋斗，神州大地上的又一个奇迹——三峡工程于1994年12月14日正式开工建设。2020年，三峡工程完成整体竣工验收。

　　三峡工程是迄今为止，世界上综合规模最大和功能最多的水利水电工程，建设难度之大为世界工程史所罕见。同时，三峡工程建设也创造了100多项"世界之最"，建立起了100多项工程质量和技术标准。目前，三峡工程科技创新成果已广泛应用于相关基础设施建设领域。

▼ 航拍三峡大坝

高峡平湖何处起？

众所周知，水利工程建设是一项复杂而又漫长的过程，对于水利工程而言，坝址的选择是工程建设过程中最关键的环节。而三峡工程的设计从一开始就碰到了坝址选择难的问题。早在1944年，世界著名坝工专家萨凡奇就查勘了三峡，为三峡工程选定了一个坝址——南津关。但是，经过三峡设计者的初步研究发现，在萨凡奇选择的坝址处施工不仅会加大投资，而且会增加技术难度，存在的风险也会增加。为此，三峡设计者在1954年重新勘察选坝址，又经过几年的研究、论证、比选，最终选定了三斗坪为三峡大坝的坝址。

三斗坪坝址所在的河谷开阔，河床右侧的中堡岛便于大坝、水电站等枢纽建筑物布置，有利于施工中的导流和截流，还能确保施工期长江干流航运不中断。三斗坪处于长江宜宾到宜昌段，这里经过地震权威部门鉴定，属于典型弱震环境，是一个稳定性较高的地块。同时，三斗坪的花岗岩具有不透水、质地致密、抗压能力强等特点，是建设混凝土高坝最理想的地质岩体。

三峡工程坝址选定后，三峡工程的设计工作又经过多年研究、论证，最终在1994年12月，三峡工程正式开工。

第六章 伟大的水工程

万家灯火何处寻？

　　历经多年修建而成的三峡工程不仅可以挡水泄洪，还可以发电通航。三峡工程主要由拦河坝、水电站和通航建筑物三部分组成。三峡大坝坝顶高程 185 米，最大坝高 181 米，大坝轴线全长 2309.47 米，共布设有 89 个孔洞，用于泄洪、发电、冲排沙、排漂。三峡水电站总装机容量 2250 万千瓦，年设计发电量 882 亿千瓦·时。

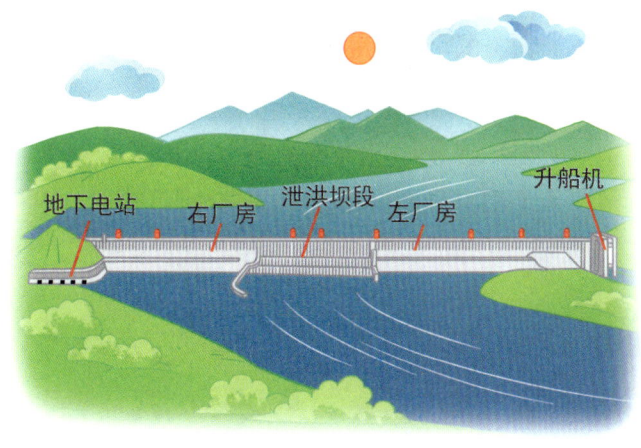

▲ 三峡大坝示意图

　　三峡水电站巨大的发电量惠及半个中国，也让具有可再生、清洁等特点的水电能源，受到了国民的重视。三峡水电站充分利用了三峡大坝两侧的水位差实现了水力发电。三峡大坝上游水库中的水从机组进水口进入，将势能转化为动能冲动水轮机，水轮

99

生态中国　水

机带动发电机转动发出电力,再将动能转化为电能。强大的电力再通过三峡输变电网络送往全国各处。同时,为了将三峡发电站发出的强大电力安全高效地传输到千家万户,三峡输变电工程采用了超高压输电技术,跨越千里的超高压输变电工程的建成标志着三峡电网的形成,它为中国经济社会平稳发展,为保障民生提供了有效的能源支撑。

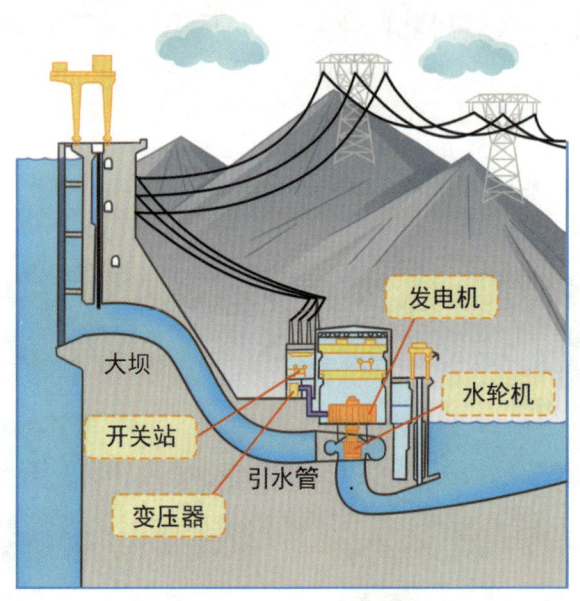

▲ 三峡电站水力发电原理图

船舶如何过三峡大坝?

三峡大坝上、下游水位之间的最大落差达113米,船舶从下游驶往上游(或从上游驶往下游)时,必须通过三峡五级船闸

100

第六章 伟大的水工程

或升船机。人们形象地将船舶通过三峡五级船闸过坝比喻为"爬楼梯",将船舶乘升船机过坝比喻为"坐电梯"。

三峡五级船闸分为南北两线,每线船闸有5个闸室、6道人字闸门,上游是第一闸室,下游是第五闸室。假设船舶要从下游驶向上游,船舶先驶入第五闸室,待关闭下游人字门后,地下输水系统会从第四闸室向第五闸室内充水,当两个闸室内水面齐平时,打开上游人字门,船舶驶入第四闸室。以此类推,船舶就好像爬上一级又一级楼梯一样,最终通过第一闸室驶向大坝上游航道(船舶下行的过程则相反)。一艘船通过三峡五级船闸大约需要4小时。

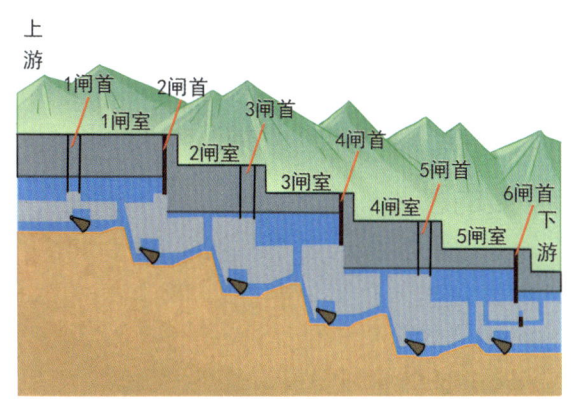

▲ 三峡五级船闸剖面示意图

与通过三峡五级船闸一级一级"爬楼梯"式过坝不同,船舶在三峡升船机承船厢里像"坐电梯"一样,从大坝下游被垂直提升至上游,然后沿上游引航道继续航行。一艘船"乘坐"三峡升船机过坝约需40分钟。

生态中国　水

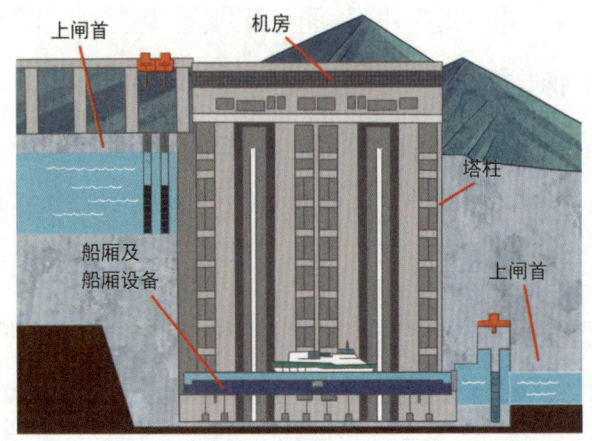

▲ 三峡升船机剖面示意图

　　三峡工程规模巨大，影响深远，它使中国拥有了镇守长江洪水的雄关，是人类历史上成功利用自然资源的一次伟大实践，是世界水利工程建筑史上的一个杰作。

　　三峡工程的成功经验对推动人类追求人水和谐、实现与自然协调发展具有重要的意义。

第六章 伟大的水工程

第三节 治黄丰碑小浪底

黄河是中华民族的母亲河，千百年来，它哺育了一代又一代的中华儿女，孕育了璀璨的中华文明，也见证了中华民族的繁荣昌盛。然而，也正是这条河给中华民族带来了深重灾难。"黄河清，天下宁"一直是中国人民千百年来追求的梦想，如今，在黄河流经的最后一段峡谷，一座工程巍然耸立，它承上启下，兴利除害，赋予母亲河健康与活力，给黄河下游带来勃勃生机，这就是小浪底水利枢纽工程。

小浪底水利枢纽工程在哪里？

小浪底水利枢纽工程位于河南洛阳以北，黄河中游最后一段峡谷的出口处，上距三门峡水利枢纽130千米，下距郑州花园口128千米，处在控制黄河水沙的关键部位，是黄

▲ 航拍小浪底水利枢纽工程

103

生态中国　水

河干流三门峡以下唯一具有较大库容的控制性工程。

小浪底水利枢纽工程控制着黄河 90% 左右的水量和近 100% 的泥沙量，是一座集防洪、防凌、减淤、供水、灌溉、发电等于一体的大型综合性水利工程，是黄河下游人民生命和财产安全的重要保障线。

小浪底水利枢纽工程的构成

小浪底水利枢纽主体工程主要由拦水大坝、泄洪排沙建筑物及引水发电系统组成。拦水大坝分为主坝和副坝，主坝位于河床中，为壤土斜心墙堆石坝，坝顶长 1667 米，宽 15 米，坝顶高程 281 米，最大坝高 160 米。副坝位于左岸分水岭垭口处，为壤土心墙堆石坝。

泄洪排沙建筑物包括 10 座进水塔、9 条泄洪排沙隧洞和 3 个两级出水消力塘。由于受地形、地质条件的限制，这些建筑物均布置在左岸。

引水发电系统也布置在左岸，包括 6 条发电引水洞、地下发电厂房、主变室、闸门室、3 条尾水隧洞。地下发电厂房内共安装 6 台 30 万千瓦混流式水轮发电机组。

什么是调水调沙？

黄河水少沙多、水沙关系不协调，是黄河不同于其他河流的显著特点。调水调沙是黄河中下游处理泥沙的重要手段之一。调水调沙就是在现代化技术条件下，利用干支流水库对进入下游的水沙进行调控，塑造相对协调的水沙关系，减少水库河道淤积。

每当调水调沙时，人们总会在小浪底看到"双龙"沸腾的壮观景象。这是由于黄河水的泥沙密度与水的密度不同，在水库上游末端产生了分层流动，流进水库的浑浊河水潜入库底，呈现出上清下浑的状态，浑浊水在水库清水之下沿库底向前运动，经排沙洞排出，并冲刷水库。这种调水调沙的手段被称为"人工塑造异重流"，利用这种方式调水调沙可以达到减少小浪底水库淤积、调整库区上段泥沙淤积形态、排泄泥沙出库的效果。

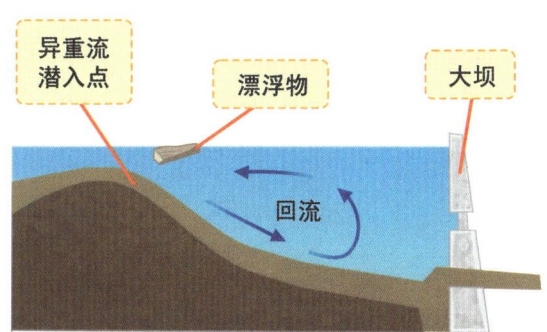

▲ 小浪底水库人工塑造异重流示意图

除了人工塑造异重流，黄河调水调沙还有两大"法宝"。一是人造"洪峰"。利用河道来水和小浪底水库部分蓄水，对黄河

生态中国　水

干流水库进行联合调度，人工制造出流量更大、持续时间更长的洪水过程，对下游河道进行全线冲刷，提高下游河道排沙能力。二是水库联合调度。黄河干流水库群联合调度，是实现人造"洪峰"和塑造异重流的基础，更是黄河防汛的重要手段。通过水库的联合调度，对水沙进行有效的控制和调节，适时蓄存或泄放，能有效清理水库淤积，减轻下游河道淤积，甚至实现不淤积的效果。自2002年开始实施调水调沙以来，黄河下游河道主槽不断萎缩的状况已初步得到遏制，下游河道主槽平均下降2.6米。

　　20多年过去了，小浪底水利枢纽工程充分发挥了防洪、防凌、减淤、供水、灌溉和发电的作用，库区也已经被打造成了风景秀丽、文化底蕴深厚的旅游景区，向世人展示了"人与自然和谐发展"的奥义。随着信息时代的到来，未来还会有更多新技术，如人工智能、大数据、仿真技术等融入小浪底水利枢纽的建设与维护中，用科技点亮"小浪底"的未来，可以更好地为人民、为构建和谐美丽家园贡献力量。